戒掉拖延症

木子 著

拖延症患者自救手册

江苏凤凰文艺出版社
JIANGSU PHOENIX LITERATURE AND ART PUBLISHING

图书在版编目（CIP）数据

戒掉拖延症：拖延症患者自救手册 / 木子著．-- 南京：江苏凤凰文艺出版社，2023.5

ISBN 978-7-5594-7612-8

Ⅰ．①戒… Ⅱ．①木… Ⅲ．①成功心理－通俗读物 Ⅳ．①B848.4-49

中国国家版本馆CIP数据核字（2023）第037264号

戒掉拖延症：拖延症患者自救手册

木子　著

责任编辑　王昕宁
策划编辑　李　根
特约编辑　连　慧
装帧设计　三形三色
责任印制　刘　巍
出版发行　江苏凤凰文艺出版社
　　　　　南京市中央路165号，邮编：210009
网　　址　http://www.jswenyi.com
印　　刷　三河市春园印刷有限公司
开　　本　880毫米 ×1230毫米　1/32
印　　张　8.75
字　　数　203千字
版　　次　2023年5月第1版
印　　次　2023年5月第1次印刷
书　　号　ISBN 978-7-5594-7612-8
定　　价　49.00元

前 言

PREFACE

现代生活中，每个人或多或少都会有拖延的习惯。即便没有长时间的拖延，也会有短时间的拖延。例如，“这个事情一会儿再做吧”，每个人都会有这样的想法。或许有人会问：这样的拖延就叫作“拖延症”吗？

当我们准备大谈特谈拖延这个问题的时候，首先需要解答一个疑惑：人人都会拖延，难道说人人都有拖延症吗？

其实，有时候我们的拖延并非“症”。例如，我们有时因为事情忙不过来，把另一件事情往后推一推；或者因为事情太多，当我们感到疲劳时，希望暂停休息一下，再继续工作。这样的“拖延”，难道也算是一种“症”吗？当然不是。那么，我们怎么区分拖延和拖延症呢？最简单的一个方法，就是看它有没有让你感到烦恼。

有些人并不认为拖延是一个问题，他们喜欢把生活过得轻松一点。他们做事情不急于求成，只是希望在一件事情上多花一些时间，能够让它精益求精。还有些人，他们把一些事情往后拖延，是因为那些事情是无关紧要的，或者那些事情需要考虑周全后再做决定。这些人，他们不会因为拖延而烦恼，在他们的生活或工作中这些事情是无足轻重的。那么，这样的拖延，又有何不可呢？

与此同时，另一些人就不一样了，拖延成了他们生活和工作中很严重的问题。更可怕的是，拖延不仅影响了他们的现实生活，还给他们的心理造成了严重的伤害。这些拖延者不得不承受着拖延带给他们内心的各种折磨，从愤怒、焦虑、不安，到强烈地自责，甚至是最后的绝望。

拖延症患者可能遍及各行各业，他们有可能是成功人士，有可能是公务员，有可能是学识渊博的老师、学者，也有可能是家庭主妇……虽然从表面上看，他们与普通人没有区别，但在他们内心深处会因为拖延症而感到极其痛苦。因为拖延，他们无法完成希望或应该完成的事情，他们会因此感到愤怒、挫败和懊悔。他们下定决心下不为例，可当下一次事情发生时，又会拖延。虽然外表上看不出问题，但在他们内心，这样一次又一次的拖延，让他们备受煎熬。

无论我们是否有拖延症，都应该对拖延的心理学有所了解。当你了解它，在没有症状时，才能知道如何防范它；当你了解它，有了这个症状时，才能够及时发现，并且治愈它。

本书多方面地为每一位读者详细解释了拖延症形成的原因、危害及出现的各种类型与症状。为了让读者能够全方位了解和战胜拖延症，本书运用通俗易懂的理论加案例的方式，为读者详细解释如何从心理上克服拖延症，消除它对我们生活和工作的干扰，从而改变自己的生活方式，让自己能够迎接全新的一天、全新的开始。

CONTENTS

目　录

戒掉拖延症：拖延症患者自救手册

上篇　解剖拖延心理，学会自我疗愈

第一章
拖延心理的形成：探秘拖延如何深入内心

第二章

拖延心理的隐患：触碰拖延这颗雷，人生将一地鸡毛

第三章

拖延心理的陷阱：别找不到人生出口的方向

第四章

拖延心理的伤害：它会成为压垮你内心的稻草

第五章

拖延心理的病根：想把你塑造成“拖拉斯基”

下篇　告别拖延症，提升执行力

第六章
对战拖延心理的计策：先消灭懒惰这个“兄弟”

第七章
扯掉拖延心理的华丽外衣：揭穿完美主义的内在虚伪

第八章

堵住拖延心理的冠冕借口：让借口没有说出的可能

第九章

治疗拖延心理的良药：打一剂高效执行的强心剂

第十章

战胜拖延心理的秘密武器：来吧，给自己充满正能量！

上篇

解剖拖延心理，学会自我疗愈

第一章 拖延心理的形成：探秘拖延如何深入内心

拖延症，你的真实面目是什么

我们都知道，那些成就高的人有很多优秀的品质，做事绝不拖延肯定是其重要的品质之一。生活中的每个人，要想在日后有所作为，也必须从现在开始养成立即执行的习惯，如果你有拖延症，你要做的第一步就是调节自己的拖延心理。

然而，我们不得不承认，在我们的生活中，从员工到总裁，从学生到社会青年，从家庭主妇到职场人士，拖延的问题几乎影响到了每一个人。因为了解自己的，始终是我们自己，你是否有拖延的习惯，也许你的上司、家人、老师等人并不知晓，但是你自己清楚，或许现在的你已经陷入了拖延的泥潭中，那么是时候解决这个问题了。

如果你确实不清楚自己是否有拖延症，那么，我们可以通过了解几种拖延的形式和症状，来对照一下。我们先来看看下面的故事：

我有一个姐姐，我觉得她就是严重的拖延症患者。她怀孕的时候想打发无聊的时间，就买来一些漂亮的毛线，想给未出世的孩子织一件衣服，可是她迟迟没动手，总是懒懒地躺在床上。每当她想到那些毛线时，就会告诉自己："还是先吃点东西，看看电视，等会儿再说吧。"可是等她吃完东西、看完电视以后，天已经黑了，于是，她会说："晚上开着灯织毛衣对孕妇的眼睛不好，还是明天再织吧。"第二天，她还是用同样的借口拖延。

我的姐夫是个贴心的好男人，他心疼老婆，并未催促她，她的婆婆看到那些被放到柜子里的毛线，本想替她织，她却坚决要自己为孩子织毛衣。随着她的肚子越来越大，她越来越不想动。后来，她告诉自己，等孩子出生后再织也不迟。她还想，如果生的是个女孩，一定要织条漂亮的毛裙，如果是个男孩，就织一条毛裤。

时间一晃就过去了，孩子出生了，是个漂亮的小姑娘。带孩子成了她主要的工作，孩子渐渐长大，很快就到一岁了，可是那条毛裙还没开始织。后来，她发现，这些毛线已经不够给孩子织毛裙了，于是打算给孩子织一件毛背心。不过打算归打算，动手的日子却一拖再拖。当孩子两岁时，毛背心还没有织。当孩子三岁时，她想，也许那团毛线只够给孩子织一条围巾了，可是围巾也没有织成……渐渐地，她已经想不起来这些毛线了。孩子开始上小学了，一天，孩子在翻找东西时，发现了这些毛线。孩子说真好看，可惜却被虫子蛀蚀了，便问妈妈这些毛线是干什么用的。此时，她才又想起自己曾经买这些毛线的目的。

这是发生在我身边的一个小故事，事情虽小，但它告诉我们一个道理：那些有拖延习惯的人，多半是拖延心理在作怪，而且，他们还总是会为自己寻找各种借口。要克服拖延的习惯，就必须先抛弃拖延的心理。如果下不了决心就不采取行动，那事情永远也不会完成。

的确，我们都会在某种程度上犯这种错误：将今天应该做完的事情推到明天，享受现在的欢乐，延迟那不可避免的痛苦。但我们应该知道，即使在当下我们可以将这些痛苦抛之脑后，但最终它仍然会到来，狠狠地击中我们，并且扰乱我们外在的平静。那么，拖延的症状都有哪些，拖延症的真面目是什么呢？

1. 缺乏明确的愿景

人们拖延的最重要的原因之一就是找不到努力的方向、太过迷茫，如果我们看不到未来清晰的愿景，又怎么会有动力呢？

如果我们对将要达到的目标和为何这样做的原因有个清晰的构想，那么我们就会有足够的动力去努力并完成任务。

2. 计划不足

要想把事情做到最好，你心中必须有一个很高的标准。在决定做一件事情之前，要进行周密的调查论证，广泛征求意见，尽量把可能发生的情况都考虑进去，避免出现丝毫的漏洞，直至达到预期效果。

3. 缺少时间

忙于做事并不意味着高效率。要善于利用每天的不同时间段。一般来说，上午头脑清醒，特别是起床后的第一个小时是效率最高的时候，可以将一些难度大且重要的工作放在此时进行。下午大脑一般比较迟钝，可以做一些活动量大又不需太动脑筋的工作。这有助于提高工作效率，使得工作早日完成。

4. 疲劳感

很多时候，人们都会以疲劳为借口拖延。但实际上，真正令人们疲劳的还是无休止地拖延一件事。一定程度上说，疲劳是可以控制的，如果我们早点休息，按部就班地完成任务，坚持做一件事，我们就能减少疲劳、增强自信心，逐渐克服拖延心理。

5. 对结果的恐惧

对结果感到害怕是拖延的另一个原因。一些人害怕失败，他们没有良好完成任务的能力，因此，他们推迟行动。反之，还有另一些人，他们害怕成功，他们知道完成特定的任务会给他们带来一些并不想要的结果。对此，我们要对完成或不完成一项任务的结果有明确的认识。

6. 自制力不足

现今我们更容易受到技术和额外的刺激影响，从而更难保持注意力集中。在做事之前，我们最好先排除那些可能出现的干扰因素，比如关掉手机、网络等。

7. 惰性

惰性总是与拖延相伴相生。你会发现，那些你不愿意做的工作，往往是你不喜欢做的事或者是难做的事，因此，要克服拖延心理，首先要克服惰性。万事开头难，要把不愿做但又必须做的事情放在首位，而对于难做的事可以试着把困难分解开，逐个击破；对于那些难做决定的事，则要当机立断，因为最坏的决定就是没有决定。

总之，你需要明白，拖延并不能帮助我们解决问题，也不会让问题凭空消失。拖延只是一种逃避，甚至会让问题变得更严重，那么，你为什么还要逃避呢？那些成功者从不拖延。

世界上，哪里有什么与生俱来的拖延症

拖延行为产生的原因，学界历来众说纷纭。有的学者给出了生理学上的原因，他们认为，在人的大脑中，负责人的执行功能及过滤作用的是前额叶皮层，以此来降低大脑的某些部分带来的分散注意力的刺激，而这个部分的活性降低或者损伤，都会减弱这种功能，进而人的执行能力也会受到一定程度的影响。

也有一些学者给出了心理学层面的原因，他们认为，随着人的成长，我们的接触面也在不断地扩大，在充满挑战的社会生活中，我们的心理在逐步发生变化，也就渐渐形成了拖延的习惯，有时还掉入了拖延的怪圈。

学界说法不一，那么，拖延行为的产生是先天形成还是后天所致呢？其实是后者。我觉得，根本没有与生俱来的拖延症。下面我通过身边的两个故事，讲述一下拖延症是如何产生的：

第一件事是发生在我的一个朋友小李身上的。小李是一家食品公司的车间主任，在这个岗位上已经工作三年了，闲下来的时候，他经常会和我们回忆曾经那个充满斗志的自己。三年前，他是一名基层员工，每天都会早早地起来，然后来到车间工作，每次领导来视察的时候，他都在埋头工作。接连一年多，他每个月都会被评为生产模范，因为工作努力，他被领导选拔为车间主任。

然而后来，身为基层管理人员的小李开始懈怠了。比如，中午吃完饭，原本他准备去看看车间生产情况，但听到其他主任说："急什么，有工人在，等会儿再去也行啊。"小李心想也是这个道理，便决定睡个午觉再去工作。醒来后，他看到其他领导都在打牌，心里痒痒，也加入其中，大家一起抽抽烟、喝喝茶，一下午的时间又过去了。

另一个故事，是发生在我自己身上的，是关于以前的女朋友的事情。她原本是个很勤快的女孩，但在一起久了，加上我稍微有点爱干净，慢慢地我就发现她变得十分懒惰，什么事情都是能拖就拖。工作上如此，生活上也是如此。有一个周末早上，我先起了床，还为她做好了早饭，来到卧室叫她起床，她推脱着说："不着急，再睡会儿，周末呢。"快中午了，我说："不是说今天去逛街吗？还是起来吧。"她回答说："好困，你先玩玩电脑，我起来收拾好再出门。"当时的我唯有深深地叹一口气，想着原来的那个可爱、勤快的女人去哪儿了？

通过上面两个事情，可以清楚地看到，很多人不是天生就爱拖延，而是后天逐渐形成的。形成拖延的原因有很多，比如对他人的模仿、周围环境的影响等。针对这个问题，我们可以再具体分析一下。

首先要明白，人的先天特质中没有拖延。所谓先天，顾名思义，就是生来即存在的、未曾经过雕琢的。从我们来到这个世界的那一刻起，我们就如同一张白纸，除了对生理的基本需要，我们一无所知。那个时候，除了大声啼哭以证明我们饿了、渴了，我们不懂任何的表达行为。我们逐渐成长，获得知识、被父母长辈教导，逐渐对这个世界有了认知。

我们的很多行为都是在成长的过程中形成的，由于受到了来自外界的诸多因素的影响，我们的心理也逐渐发生了变化，即便一些学者认为，人的拖延行为与生理因素有关，但这并不代表拖延就是先天形成的。另外，我们的身体机制的运行是自然而然的，虽然我们的身体器官接受了大脑的指令而执行拖延的行为，但执行功能的弱化也并非天生，而是受后天因素的影响。

随着我们进入社会，开始参与激烈的社会竞争，内心所承受的压力越来越大，我们接受的任务难度也在逐渐加大，于是，我们产生了逃避的行为，也就是拖延。

其实，我们还要明白一点，拖延产生的原因，大都源于外在环境的因素。有时候，我们会认为那些拖延者总喜欢给自己找借口，虽然是借口，但也表明了一点，人的行为是容易被周围环境的变化影响的。比如，因为天气恶劣，我们没有及时到达公司；因为生病，我们没有按时将任务交给上级等。在拖延者身上，存在心理和行为分离这一特点。他们明明知道该怎样做、该如何行动，实际情况却是他们没有按照自己内心真正所想的去做。比如，原本打算周四前去某个地方，但到周末了还没有去。原本计划下午约见客户，但到了中午还没给客户打电话。

很多人总是会以外在环境来作为行动拖延的借口，并且在自己的拖延行为没有造成恶劣后果前，会不断地允许自己这样做，最终，真正的拖延习惯就形成了。

我们还应该明白另一点，人的后天心理变化形成拖延习惯。还记得孩提时期，我们无忧无虑，家长让我们做什么，我们就立即去做。那是因为我们没有压力，随着时间的推移，我们不断长大，有了烦恼，再到进入社会，面临着激烈的社会竞争，我们有做不完的工作，面对我们不想做的事，还是必须硬着头皮去做，工作任务越来越难，我们也觉得自己被压得喘不过气来。此时，我们会产生逃避的心理，只要发现有一点空隙的时间可以拿来拖延，我们就绝不放过，尽管我们知道，这些工作我们还是必须要去做。

另外，在个人能力没有提升的情况下，我们总是觉得无能为力，认为自己做不好，久而久之，也就产生了自卑心理。自卑心理的出现，更让我们有理由去抵制那些高难度的工作。

在生活中，我们经常听见别人说："我生来就爱拖延，这是改不了的毛病。"一旦在心里认定这一点，我们就产生了一种不愿意改变现状的心理定势。因此，我们必须认清一个事实——拖延行为的产生不是先天形成，更不是与生俱来，而是后天所致。只要相信这一点，我们就有意愿和能力逐步克服自己的拖延行为，只要我们将自己的想法付诸行动，并努力坚持，相信会取得很好的成效。

拖延症来临时，你能看得清吗

有人说，只有行动才能缩短自己与目标之间的距离，而拖延是行动的大敌。拖延将不断滋养恐惧，成功的人都把少说话、多做事奉为行动的准则，通过脚踏实地的行动，达成内心的愿望。那些有拖延症的人总是用种种说辞为自己开脱：“对方不配合”“不可能的任务”“苛刻的老板”“无聊的工作”……随之而来，会陷入“工作越来越无趣”“人生越来越无聊”的泥潭中，越加懒惰，越加消极，越加无望。我们把这些拖延习惯称为拖延症。

如果你是一个有拖延症的人，也许你自己都不会承认，在你的内心总是有一个声音：“以后再说吧。”这就是一种情感阻力，如果没有这种阻力，你的执行力将提高很多。

在面对某些事情时，我们会明显感到有难度，这会让我们产生不愉快的感觉，此时，拖延的人就会找“以后再说”这样的借口，他们会劝慰自己：“等等看，也许事情会好转。”正如我前面说的，这只是一种逃避和麻痹。你要告诫自己，即便事情拖到了最后也未必会改善，而且，我们拖延的其实是自己的步伐、自己的人生、自己的爱情。

下面讲一个我朋友的事，我认为他的这件事情很有代表性，而且是经常会发生在我们任何人身上的事。

我这个朋友叫张学成，今年32岁，在我们当地的税务系统工作，事业稳定，薪酬不低，交友广阔，唯一美中不足的就是他还没有结婚。不过，这也不是什么大问题，因为张学成已经有女朋友了，两个人好得如同蜜里调油，就等着领结婚证了。但后来发生了一件事，导致他的女朋友和他分手了。

事情是这样的：女友的妹妹下周一过生日，女友在外地出差，所以给他打电话，让他帮忙买一件礼物，而且女友也相信他的眼光。

挂掉女友的电话后，张学成对女朋友的托付自然非常重视。他关了电脑，准备出门，突然想起今天才周二，距离下周一还有六天，买礼物的时间还很充足，不必急于一时。周四公司要开例会，还是先把报表做出来吧。于是，他打开电脑，先把报表做了出来。

忙忙碌碌了两天，周四下午开完会，心情不错的张学成决定下班之后就去买礼物。可是，下班的时候，一个要好的同事约他一起去吃饭。张学成心想，礼物什么时候都能买，同事的面子不能不给，于是，他高高兴兴地和同事吃饭去了。

眨眼间，到了周六，礼物连个影子都还没有，张学成却一点都不着急。他想，不就是买个东西吗，分分钟就能搞定，好不容易放假了，先玩一天再说。

周日，张学成去买礼物了。可是在商场转了一圈之后，他又气馁了：要挑什么礼物呢？女友相信我的眼光，我一定不能让她失望。要是我挑选的礼物不够好，女友会不会生气，会不会……张学成突然有些患得患失起来，半天之后，他决定，今天好好思考，明天再买，反正女友妹妹的生日聚会在晚上，还来得及。

周一晚上，张学成假装生病，没敢和女友的妹妹见面，因为，他没有买礼物！三个月后，女友和张学成分手了。

张学成的爱情童话最终走向了毁灭，为什么？因为他的拖延！他的借口太多了，身边发生的每一件事，遇到的每一个人都能成为他的借口，开会、同事请吃饭、周末要休息，这些理由看起来是多么的充足啊！

借口到处都有、无处不在，只要我们想找，绝对无穷无尽。人们常说："你撒下一个谎，就要用一百个谎言来圆这个谎言。"其实，拖延也是一样的。你找一个借口去拖延，后面就跟着一堆借口去拖延一件又一件事。

然而，每一个借口都好似毒品，吸了第一口就想着第二口，戒都戒不掉。吸得多了，会让人忍不住沉沦，而沉沦是需要付出代价的，这个代价可能是爱情，就像张学成，也可能是亲情、是事业、是成功、是责任……代价是如此的沉重，沉重得令我们难以接受，既然如此，我们为什么还要抢着去付？从现在起，不要再找借口，不要再拖延，不是很好吗？

其实，拖延不仅不能省下时间和精力，反而会使人心力交瘁，疲于奔命。如果这样还不能够把你从拖延的梦魇里揪出来，那我只能打下最后一棒：拖延消耗的不仅仅是精力，还是生命！

那么，你有拖延症吗？不妨来给自己做个测验吧：

（1）在你的工作清单里有很多事，你清楚哪些事重要，哪些事次要，但你还是选择将那些不重要、难度小的事先做了，而越是重要的事，越拖延。

（2）每次工作前都选择一个整点开始：一点半、两点……

（3）不喜欢别人占用自己的时间或者打扰自己工作，但其实最不珍惜时间的是你自己。

（4）你已经准备定下心来工作了，但还是在开工之前去冲了杯咖啡或者泡了杯茶，并给自己一个借口：这些饮品会更容易让自己进入状态。

（5）在做某件事时，一旦出现了突发事件或者想法有变化，就会立即停下手头的工作。

以上5条若有3条以上符合，那么你就可以加入“拖延症患者”的行列了。将拖延症进行细细划分，我们还可以将其分为四种。

1. 学习型拖延症

顾名思义，就是在对待学业上的事情时，总是一拖再拖，面对众多需要学习的科目、需要参加的学习活动时，没有紧迫感，也不着手处理和学习。很明显，怠慢学习的人，很难有好的学习成果，知识的获得应当与勤奋相关联。鲁迅说：“伟大的成绩和辛勤的劳动是成正比的，有一分劳动就有一分收获，日积月累，从少到多，奇迹就可以创造出来。”勤奋可以使聪明之人更具实力，相反，懒惰则会使聪明之人江郎才尽，成为时代的弃儿。

也许有人会说，自己还年轻，有大把的时间，但你可能没有意识到，现在的你还是聪明的，可如果你不继续学习，就无法使自己适应这个急剧变化的时代，就会有被淘汰的危险。只有善于学习、懂得学习的人，才能具备高能力，才能够赢得未来。

2. 工作型拖延症

你是否经常在上级一催再催后，才将某个报告交上去？你是否每天早上在进入办公室后花半个小时的时间回味昨天晚上的电视剧情节？你是否习惯了在坐下之前跟同事说几句话……如果你总有这些习惯，那大概就是为什么你总是不被上司赞赏了。

伍迪·艾伦说过："生活中90%的时间只是在混日子。大多数人的生活层次只停留在为吃饭而吃，为搭公车而搭，为工作而工作，为回家而回家。他们从一个地方逛到另一个地方，使本来应该尽快做的事情一拖再拖。"的确，因各种事而造成拖延的消极心态，就像瘟疫般毒害着我们的灵魂，影响和消磨着我们的意志和进取心，阻碍了我们正常潜能的开掘，到头来终将使我们一事无成，终生后悔。

3. 婚恋型拖延症

你可能发现了，在你的身边，"剩男""剩女"越来越多，你可能也是其中一员。为什么会被剩下？其实也是"拖延"的结果，我们总希望能在工作、生活如意的情况下谈及爱情、婚姻，认为"不着急"，但如今，我们真的"着急了"。

4. 亲情型拖延症

"树欲静而风不止，子欲养而亲不待"，这是人生一大悲哀。很多时候，我们总在感叹："等我有钱了就陪父母去旅行，去和爱人、孩子享受天伦之乐。"但时间不等人，亲情也不能等，如果想表达你对亲人的爱，就别再拖延了。

总之，无论是工作、生活还是学习，大事还是小事，凡是应该立即去做的事情，我们就应该立即行动，绝不能拖延，要尽全力日事日清。我们的一生中，确实有很多个明天，但如果把什么都放在明天做，那明天呢？明天的明天呢？有句话说得好："我们活在当下。"明天属于未来，我们只有把握好现在，才能决定明天的生活。

任何人的拖延行为，都在一定的内因驱动下形成

我们都知道，拖延是一种不良的行为习惯，然而，任何人的拖延行为，都是在一定的内因驱使下形成的。在我们周围，有这样一些聪明的人，无论是在生活中，还是在工作中，只要与人打交道，他们总会在看清楚他人的“招数”前拖延一段时间，因为他们坚信“谁先出手，谁就失利”。这类人拖延的内在动因是保护自己。

我有一个朋友，他并不懒惰，却喜欢拖延，他跟我说过的一段话，让我印象很深刻，他说：“我觉得人生就是一盘棋局，谁先出棋子，谁更容易被看破。无论是工作还是生活，我都会慢半拍，在我搞清楚别人的想法之前，我会把自己的手放在胸前，不让别人看清楚我的心。如果我看到一个心仪的女孩，我不会热情地追她，假如她对我没兴趣，那么我再努力也是徒劳，我会等待她先对我表达好感，我不打没把握的仗；我不会主动提出工作调动，因为我不想让别人知道我对什么部门最感兴趣；我也不会对事情立即做决定，因为那样会被别人知道我的想法，进而他们可能从中捞到好处。要知道，我们周围都是这样猜来猜去的游戏……”

想必在我们的生活中，带有这样心理的人不少。在他们需要做决定的情况下，他们认为拖延能起到保护自己的作用，因为这

样别人就看不清他们的想法，也不会立即采取制约措施。他们认为，捉摸不定更能让他们产生安全感，一旦暴露自己，就会成为任人宰割的对象。

事实上，我们的一生，越是拖延，越是四处躲避，越会让我们殚精竭虑、忧心忡忡。我们总是担心会被他人算计，总是提心吊胆，这样真的会有安全感吗？任何一个处于自我保护状态下的拖延者的经历都告诉我们：有时候，主动出击更能赢得主动权。与其总是猜测他人的想法，还不如先走出去，做好最坏的打算，这样才更有安全感。这样，你也会在最短的时间内看清楚谁是和你站在同一阵营内的朋友，谁是敌人，而不是空耗生命。另外，你的需求也会被他人知晓，关爱你的人也会出现。其实，很多情况下，人与人之间隔阂的加深就是拖延造成的。

我有个妹妹叫丽丽。她毕业六年了，从刚毕业的时候，她就在我们老家的一家公司做客服。她是个勤快、踏实的孩子。通过几年的努力换来了一个主管的职位。因为她从刚踏入社会，就是一个人打拼，也没有人帮助她，所以，她对那些新来的职员都特别好，能帮上忙的事情她都义不容辞。

就在丽丽当上主管不久，客服部来了一个新人，她是个很单纯的女孩，刚好和丽丽一个大学毕业，这下子丽丽更加怜惜她了。而且，那个女生很听话，办事能力也很强，无论是丽丽交代做的，还是没交代做的，她都能做得很好。有不懂的，也积极地问，丽丽仿佛看到了当年的自己，她把那女孩当亲妹妹一样照顾。由于丽丽的力荐，上司对女孩的表现也很满意。可是让丽丽没想到的是，女孩居然以怨报德，出卖了她。

事情是这样的：经过几个月的相处，丽丽对女孩已经无话不说，那时候还有一个上司直接领导丽丽，这个上司为人还好，就是业务能力有点差，丽丽对她没什么意见，只是闲聊时和这个女孩说了几句。

有一段时间，公司客服部频频接到投诉电话，为了解决这一问题，丽丽作为主管，制定了新的客服计划，本来在会议上都已经通过了，但是第二天她的上司通知她计划取消。当时，丽丽很生气，当着全体员工的面通过的事情，怎么说取消就取消呢？她很想向上司发火，说几句顶撞上司的话。不过几年的工夫没白练，她忍住了，她敲开了上司的门，走了进去，很耐心地问："我想知道原因，我觉得这个方案真的不错！"

上司看了她一眼："你是不是翅膀硬了，觉得自己的能力已经在我之上了？"丽丽一愣，想起了前天对那个女孩说的话。根据她的经验，她意识到自己是被出卖了！于是她稳住了自己说："每个人都有自己的特点，在策划上您可能没有我强，但是在管理上，我却没有您有能力！这就是为什么您是领导，我是下属。"领导听了这话，觉得还挺受用，看了丽丽一眼，叮嘱说："你不要光顾着工作，还要小心身边的人。"

丽丽是聪明人，当然明白上司这话是什么意思，同时她也知道，自己的策划被通过了。关于那个女孩，丽丽并没有怪罪于她，她觉得这个女孩还是不聪明，因为她已经知道了女孩两面讨好的用心。

在这个事件中，丽丽和领导之间的误会就是他人挑拨造成的，而庆幸的是，这个误会能在丽丽主动开口后被解释清楚。假如丽丽一直不澄清这个误会，也许就会中了同事的离间计与上司树敌了。

可见，在这种情况下，拖延并不会起到自我保护的作用，相反，它还会吞噬人与人之间的信任，让我们失去朋友。

一些自作聪明的人还以为，拖延能帮助我们复仇，我们被某个人伤害、欺负了，再次交锋的时候，我们的拖延会让对方感到苦恼。比如，你的上司在一次工作中批评了你，你怀恨在心，某一天，他需要一份工作季度销售报告，他把这一任务交给了你。现在，他急需这份报告参加公司高层会议，你却借口称报告未完成，你是多么希望看到他此时在大会上出丑的表情。然而，你的目的真的达到了吗？这样做只会让你成为他的正面敌人，员工与上司内斗最终失利的只会是员工！任何一个有经验的职场人士都会给我们一个忠告：绝不要与上司作对。

总的来说，我们需要更正一个观点：拖延并不会真的起到保护自我的目的，真正的安全是随时为危险做好准备，而不是逃避危险。

习惯可以学习，拖延同样能被效仿

在前面的分析中，我们已经了解到，人的拖延行为并不是先天形成，并非与生俱来，而是后天所致，是受外界环境因素的影响和后天心理变化而产生的。因为拖延行为和习惯的产生，我们的预期目标总是无法完成。相信你曾经历过这样的场景：原本你打算开始工作，但看到其他同事在一起聊天喝茶，你的心情也放松了很多，认为自己也不用着急。我们也常常这样安慰自己："他们都还没开始呢，不着急。""每次他们开始一半了，我才开始也能完成工作，他们都还在娱乐呢，我也可以等一等。"我们总是以他人的标准来衡量自己的行为，如果看到别人还未实施，我们就好像获得某种恩准一样可以不工作。

事实上，在工作和生活中，我们的拖延行为和习惯的产生，也与周围人的影响有着密切的关系，对他人行为的效仿和学习也常常让我们陷入拖延的沼泽中。

只要我们处于一个集体中，都会不自觉地以他人作为参照物来衡量自己的行为，也会效仿和学习他人的行为习惯，尽管这些习惯未必全是积极的。下面我说两个发生在我的身边的故事。

我刚工作那会儿，有一个同事叫小徐，他是个很热情活泼的年轻人，我们都在一家互联网公司做策划，他聪明、办事能力强，与周围人的关系相处得很好，也深知协作的重要性，所以他总是保持着和同事一致的工作进度。这天，领导又交给大家一个任务，希望大家能分工完成。

这天中午，小徐问另外几个人："你们开始做了吗？"

"没有，周四开始也来得及呢，这个项目我们有很多经验，花不了多少时间的。"

"就是啊，每次我们交了策划案上去，领导还不是过了好几天才看。"

小徐听到大家都这么说，也觉得是这个道理，于是，就和我们一样拖到最后才开始。

另一个故事发生在我大学时，当时我们宿舍是四人间，除了我，还有两个北京本地人和一个山东的农村孩子李建军。刚开学，我们和其他的同学都不是太熟，所以我们宿舍四个人的关系非常好，无论是上学、放学，还是吃饭、睡觉都是同一个节奏。

建军在老家的时候是个十分勤快的人，学习也一直勤奋、努力，做事积极，而我们另外三个人就不是这样了，北京的两个室友刚来的时候，连如何洗毛巾都不会，我虽然比他俩强一些，但也是城市里的孩子，一些不好的行为习惯也是有的，其中就有拖延。就这样过了半个多学期后，我发现，以前很勤快的建军也渐渐有了拖延和懒散的习惯。

比如，有一天上午九点半有堂课，现在已经八点半了，大家都还没起床，建军问："你们还不起来啊？"

“再睡一下吧，九点起来也可以。”其中一个北京室友回答。

“就是，半个小时足够了。”另一个附和。

“那好吧。”于是，大家又沉沉睡去。过了一会儿，建军一看表，已经十点了……

上面两个故事中，我的同事小徐和我的室友建军为什么会产生拖延的行为习惯？原因当然有很多，不过主要还是周围人的影响，他们看到周围人迟迟开始，自己获得了心理安慰，也就没有了紧迫感。

其实这种情况在我们很多人身上都发生过，我们常说“近朱者赤，近墨者黑”，这就是环境对人的影响。一个人最终能形成良好的习惯还是恶习，也是环境对我们作用的结果。

那么，哪些因素会让我们产生拖延的行为呢？

我认为，首要因素就是从众心理。我们都是社会的人、集体的人，任何人都不可能单独存在，我们是家庭的成员，是企业的成员，因此，无论你是什么身份，都会接触到各种各样的人，你的行为也会受到他们的影响。

同样，在你的工作环境中，也总会有一些和你关系要好的同事。试想，快到下班时间了，你的任务还没完成，你原本想再工作一会儿，不把工作拖到明天，但这时，你的铁哥们儿已经朝你走过来了，他兴致勃勃地对你说：“走，晚上去喝一杯，兄弟几个好久没聚了。”

“可是我的工作还没做完呢。你们去吧。”

“去吧去吧，大家都等着你呢。”另外几个同事也走过来说。

此时，你动摇了，也就跟同事一起下班了，你的工作也被你抛到九霄云外了。

的确，人都有从众心理，尤其是面对那些烦琐的工作、沉重的压力，这一种心理就会被激发出来，只要我们找到行为的榜样，我们就会效仿他，就在不知不觉中形成了拖延行为，并且一旦形成，成为习惯，便很难改变。

还有一点，就是我们能从他人的拖延行为中获得心理安慰。自古以来，人与人之间都会比较，甚至是攀比。一些人会攀比某些外在的因素，比如金钱、社会地位等；一些人会在行为上进行攀比，比如同样的工作，别人有没有做。这不是刻意的比较，而是无意识的，人们以此来获得某种心理平衡或者证明自己的价值。

同样，在工作中，当我们看到周围的同事还未着手做某件事时，我们也会告诉自己：他都没开始呢，我何必着急？或者我们的心里会有这样一种声音：我们能力相当，他也没做，如果我们同时晚点做，我是能在他前面完成的。这样，无形中，你们并未同时努力工作，而是同时将工作推后了。

最后要说的一点，就是对他人拖延行为的效仿。我们从出生开始就在学习和模仿，我们学习如何走路、说话、识字等，这些是好的模仿行为，但也有一些不好的，比如说脏话、懒惰、拖延等。

的确，从正面的、积极的学习和模仿中，我们不断成长，获得知识和技能。然而，对那些不好的行为习惯的模仿，让我们变得消极怠惰。比如，当你看到周围的人都没有完成工作也没有什么严重的后果时，你便暗示自己，我也不用那么快完成工作，慢慢来吧，结果可想而知，我们便陷入了拖延的泥潭中。

还有一点，我们总是希望自己能被周围的人喜欢，都希望自己能合群，对于众人的拖延行为，如果你鹤立鸡群、与众不同，势必会被排挤出去，为了避免这一点，在潜移默化中你也在学习如何拖延。

总的来说，我们的拖延行为在很大程度上是源于对周围人的效仿学习，这能使我们获得心理安慰，对此，千万不可小觑这一负面影响，当我们处在某一集体中时，一定要懂得去其糟粕，取其精华，否则便会对自己产生不利的影响，形成拖延习惯，甚至难以自拔。

刨根问底，拖延的根源到底在哪里

也许你也是一名拖延者，和所有的拖延者一样，在你的内心也意识到自己的拖延行为，也希望自己可以改掉这一行为习惯。然而，当你每次满怀希望地认为自己可以努力做到并立即实施时，你还是被自己打败，然后还是不断地拖延，陷入了拖延心理的怪圈。难道拖延对我们的诱惑真的就那么大吗？到底是什么让我们在不断地拖延呢？

前面我们已经分析过，拖延行为的产生是多种因素共同作用的结果，并非先天形成，而是后天所致。外在的因素，尤其是他人对我们的影响很大。然而，单单外在的因素是不能直接对我们产生作用的，还需要内因的共同影响，所以，不要再把所有的责任归结到他人身上，最根本的原因在于你自身。

那么，产生拖延行为的根源到底是什么呢？

我们知道，拖延怪圈就像一个恶性循环，在这一循环的过程中，我们看到的是，我们的拖延行为一次次被原谅，一次次被宽容，然后我们继续一次次地拖延。宽容我们的对象，可能是我们自己，也有可能是他人，无论是谁，我们总是走不出这样的怪圈。

我有个弟弟，毕业以后一直在一家网络公司工作，平时的工作并不是很多，老板人很好，对员工一直和蔼可亲，即便员工做错了，也从不骂人。

我这个弟弟在这家公司已经工作四年了，他也没有想过要跳槽的事，但最近，他的几个兄弟说换了新单位，工资翻了一番，他心里痒痒，想问问他们是怎么做到的。于是，一个周末，我弟弟请我还有他的这几个兄弟一起吃饭，听了他们的一段对话，对我触动很大。

弟弟问他们是如何做到换工作后工资翻倍的。

其中一个说："哪一行都累啊，我们现在不比从前，虽然工资高，但也不轻松，以前工作还能偷偷懒，拖延一下任务，现在可不行，感觉随时都有人在催着我们做事，老板就像个剥削者一样，总是在压榨我们。"

"说的也是。不过话说回来，虽然我们老板很好。但在现在这家公司，我确实也感觉到自己越来越懒惰，无论什么事，总是一拖再拖，我也一直在寻找自己拖延的原因，但就是找不到。"弟弟说，"每次老板交代给我一件事，我觉得时间多着呢，不必着急，到老板催的时候我再开始做也不晚，反正每次他催工作，我再晚几天上交他也不会说什么。还有，我发现，当我把工作成果交给他的时候，他还是照样把它放置到一边，过了好几天才会看。"

"你们老板也是个拖延者。"另外一个人说。

"是的吧，我觉得他也不会责备我，要知道，就这么一点薪水，他要再请员工，是没有人愿意被聘用的，所以可能是因为老板对我的宽容让我不断拖延吧。”

从这段对话中，可以判断出来，我的弟弟之所以不断地拖延，是因为他不断地被宽容。的确，无论宽容我们的是我们自己还是他人，只要有宽容的存在，我们就找到了拖延的理由。

宽容其实也分很多种。首先是对自己的宽容，表现在替自己找借口，为自己辩解。一旦我们的工作拖延了、迟迟未着手做某件事，我们总是能为自己找到各种各样的借口，尽管这些并不是真正的原因。我们找借口只是为了宽容自己，让自己不受内心的责备。

比如，我们经常会在内心告诉自己：“今天天气太冷了，去和客户谈生意，客户肯定心情也不好，所以我没去。”“女朋友昨天对我提出分手了，我的心情实在太糟糕了，我根本没有心情工作，这不怪我。”“晚上的汤太难喝了，我到现在胃里还不舒服，实在无心加班。”我们似乎总是在等待一个绝佳的做事时机，然而，这样的时机存在吗？随时都有可能出现让我们情绪不佳的情况，难道我们就不需要工作了吗？

另外，即便我们心情不好、天气糟糕，我们还是可以坚持工作，因为即便在这样的情况下，我们的身体和大脑还是能正常运行。当然，如果你一味地找借口原谅自己，那你只能浪费时间。可见，借口和自我辩解都只是为了让自己的内心好过一点，不让自己有过多的负罪感。

宽容的另一个方面是来自他人的宽容。为了减少负罪感，我们会宽容自己，并且告诫自己，下次一定会努力工作，但下一次你真的做得到吗？也许你确实下了狠心，但你发现没有，你的上司或老板似乎对这件事并不是太在意，当你告诉他因为一些原因还未完成工作时，他告诉你："没事，再给你几天时间，慢慢来。"此时的你怎么想？是不是认为既然老板都不着急，你何必着急呢？很明显，老板的宽容更纵容了你的拖延行为。

除了自身的宽容，他人的宽容也是我们产生拖延行为和习惯的又一催化剂，我们常会这样认为：我只是一名员工，老板都不在意我是否能如期完成工作，我又何必在意！于是，你更加肆无忌惮。

还有一种情况，就如我弟弟的领导一样，上司可能也是个拖延者，他们也没有紧急意识，认为工作今天完成和明天甚至是后天完成并无分别，于是，我们也会"追随"他们，认为何时完成工作都无所谓。时间久了，你的拖延习惯形成后，也就陷入了拖延心理的怪圈。

宽容还有一种表现方式是对自我的自欺欺人和鼓励。当你再一次拖延后，你对自己说："这次虽然我没按时完成工作，但下一次我一定努力及早开始，然后准时完成。"所谓的"下一次"只不过是自欺欺人而已。当你进入了拖延的泥潭中，再想改变现状真的那么简单吗？我们还是在宽容自己，然后再把希望放到下一次。当然，你已经认识到了自己的拖延行为，既然如此，那为什么不努力改变呢？

如何改变是我们真正需要关心的内容，这需要我们从转变自己的意识开始，也许你认为作为一名员工，上司是你的行为榜样，他宽容你，你就不必在意自己的拖延，但工作只是我们人生的一部分，如果把工作中的拖延行为带到生活，带入我们人生的各个方面，那么，我们永远都会比别人慢一拍，我们的热情、梦想都会丢下我们，这样的人生真的是你想要的吗？从这一点考虑，我们都有必要戒除那些自欺欺人的宽容，将拖延习惯连根拔除。

第二章

拖延心理的隐患：触碰拖延这颗雷，人生将一地鸡毛

拖延产生的焦虑症，该如何平复

在讲这节之前，先为大家讲一个发生在我弟弟身上的案例，相信很多人都会有这样的情况。

我弟弟是一名大四的学生，他就有很严重的拖延症。从上大学开始，每到期末考试，他总是这样一种状态：

考前 2 个月："还有 60 天，时间还早，先放松放松。"

考前 40 天："时间有点紧，但我还有很多其他的事情没做完，再等等。"

考前 20 天："糟糕，来不及了，现在都不知道该从哪下手了，这可咋办？"

考前 10 天："完了，这次考试肯定没戏了，这次肯定过不了，早干吗去了？"

考前 3 天："完了，完了，书根本看不进去了，盯着书本半小时，一个字都没看进去。"

考试后若干天，成绩公布：57 分、43 分、38 分……

随着时间的变化，可以看出我弟弟的情绪有着明显的变化，从一开始的轻松到后面越来越紧张、焦虑，直至情绪崩溃。这其实反映的就是每个人在拖延行为发生时心理活动的变化，拖延会导致焦虑，而焦虑又会让其不断延迟行动，陷入无法解脱的恶性循环。

有计划的行动者很难因为学习和工作陷入焦虑，他们循序渐进地追逐目标，一切都水到渠成。那些习惯拖延的人，才会被焦虑紧紧盯上。

我的前同事小陈是个很聪明的人，能力也很强，总是自称为天才。但在我眼中，他是一个严重的拖延症患者。我也这样告诉过他，而他则称自己是一个“高效拖延症患者”，他承认自己拖延，但又非常得意于自己的“高效”。不管什么事情交给他，他从来都不立即去做，一定要拖到最后一刻，但是往往又能凭借自己过人的“能力”，在最后时刻力挽狂澜，完成任务，因此，他常常引以为傲，而且还会嘲笑别人效率低下。

有一次，老板交给他一个任务，让他在三天内做出一份策划案。他接到任务后并不着急，还和平时一样与我们聊聊天，中午睡睡觉，喝喝下午茶，我们大家都在为他着急：“就三天时间，即使现在就行动，也得加班加点才能完成，你还在等什么呢？”他一脸无所谓的表情：“没事，时间还早，一个策划案而已，哪至于用那么久，我的效率你们又不是没领教过。”

前两天就这么过去了，到了第三天，他终于开始准备了。他早早地来到公司，离上班时间还早，公司里还没有几个人。他优哉游哉地去厕所方便一下，再倒上一壶茶，然后坐在办公桌前定了定神，煞有介事地做了几个深呼吸，等准备工作都做好了，心也静下来了，他把电脑打开，资料也摊开，准备“大干一场”。

就在他准备上网收集资料的时候，却发现电脑连不上网络了，检查了网线等线路没有问题，应该是公司的网络断了。但是现在没到上班时间，技术部的同事还没来，没办法，他只能整理整理思路，先在脑子里面构思构思，等上班解决了网络问题再开始着手收集资料。

由于前两天压根没有做好准备，他很难闭门造车，凭空想出一个可行的方案，直到上班他的脑子里面还是一片混沌。等网络部的同事修好网络，已经过去了两个小时，这期间他一点进展也没有。

时间一点一点过去，距离下午提案的时间越来越近，他的压力也越来越大。他不再像之前那么淡定了，他开始坐立不安，不断责备自己，找资料也心神不宁，越急越静不下心来。他像热锅上的蚂蚁，都不知道自己在做什么，一会儿胡乱点鼠标，一会儿随手翻翻资料，心跳加速，感觉都要跳到嗓子眼了。

距离提案还剩最后两个小时，他放弃了，他从电脑里把之前做过的一些策划案调出来，根据这些模板东拼西凑出了一个方案，然后交给领导应付了事。上交之后，他长舒一口气，终于在最后关头完成了，而且这样重压之下的突然轻松让他产生一种快感，就像酷热的夏天突然喝到一瓶冰镇的汽水一样。

这个仅仅用两个小时加工的“快餐品”，乍一看还挺像那么回事，毕竟是借鉴了其他项目，所以结构上还算完整。但是如果仔细一看，整个方案模棱两可，全是信息堆积，根本没有具体的数据、深入的分析和可行的计划，让人看得一头雾水。

结果可想而知，领导狠狠地批评了他，还当众表示怀疑他的工作能力，这让小陈再度陷入自责和不安中。

有一种观点认为“压力之下会做得更好”，其实这种想法是片面的。研究证实，当感觉压力大时，大脑会控制神经系统自动释放出来应激激素——肾上腺素和皮质醇。当压力渐渐释放后，身体会恢复到平衡状态。如果压力过大，或者是持续时间太长，应激激素就会很快消失，不能起到保护身体的作用，从而会使人的血糖升高，影响睡眠，使身体自我修复能力受到影响，并且会破坏免疫系统。

重压之下可能会让自己的行动力强一些，但这是一种自损的方式，虽然在一件事上完成了进度，但在这样匆忙的状态下，很难得到好的成果。而且每经历一次这样的“绝处逢生”，对人的情绪都会产生影响，压力越来越大，焦虑也越来越严重，最后可能导致对失败产生恐惧心理，排斥一切工作任务，降低行动力。

在美国，每年的 12 月 25 日人们会过圣诞节，但每年总会有一大批人非要等到最后一刻才置办节日用品，因此，他们不得不在商场关门前冲进去疯狂采购，而这个时候商场里往往都是爆满的状态，他们只能挤过人潮，在里面挑选之前别人挑剩下的礼物。因此，他们经常会买到一些有瑕疵的物品，等到第二天他们又会因此而抱怨连天，甚至还会返回商场里面要求退换货。

拖延者的焦虑感完全是由个人行为造成的，对于这种类型的焦虑，从自我行为上进行要求就够了，立即行动，提高效率。

大龄未婚青年，大多是被拖出来的

说到拖延，很多人立刻就会想到现今社会上大量存在的“剩男”“剩女”。网络上流传着一个段子，有人对“剩客”按年龄段做过这样的分类：24~27 岁，这样的人是初级“剩客”，主要是他们刚刚走上“剩客”的道路，还有勇气为继续寻找自己的另一半而奋斗，可称为“剩斗士”；28~31 岁，这类人是中级“剩客”，称为“必剩客”；32~36 岁为高级“剩客”，尊称为“斗战剩佛”；36 岁以上的，则可封为“齐天大剩”。

我有一个小姨，就为她闺女的事发愁。我这个妹妹一直没有听说过有对象，当然，也因为这个妹妹在外地工作，很少回老家，所以大家对她的生活都不太了解，但她的年龄已经算是“剩女”了。所以，她每次只要是一回家，街坊邻居都会问她有没有对象。“你说，这人啊，如果长得丑还可以谅解。关键是杨佳这姑娘长得白白净净的，挺漂亮，可就是没有个男朋友。”每次听到别人在背后议论，我小姨就无比难受。

可是，每当小姨和妹妹谈起这事的时候，妹妹总是推三阻四，不是说“没有合适的”就是说“等以后再说”，让小姨头疼不已，“谁知道这以后究竟是什么时候啊！”小姨嘟囔着说。

每次和姐妹们打牌的时候，小姨总是念叨着，让她们给自己家的姑娘介绍个对象，结果这事被她闺女知道了。

“这相亲对象就一定很合适吗？”妹妹的反问让小姨哑口无言。但冷静下来一想还真是这么一回事，结婚是孩子自己的事，什么时候遇到合适的人还是她自己说了算。

就这样，我这个妹妹一拖就拖到了31岁。到了现在，周边的邻居也不会主动给她介绍对象了。“年纪都这么大了，还没有嫁出去，肯定是哪里有毛病，否则早就结婚了。”又有些人有了这样的想法。

像我这个妹妹这样的事在我们身边可以说是屡见不鲜了。我们常说幸福是拖不来的，有些人不是没有找到幸福的机会，只是一拖再拖，幸福就这样悄悄溜走了。

我的朋友赵平城是一个很要强的人。他有一个女朋友，两个人恋爱8年，以前两个人的关系特别好，如今32岁的他们，却总是为了结婚吵来吵去。双方都见过家长了，而且对方父母对他们的印象也都很好，同意让他们结婚了，然而赵平城自己老是不同意。

原来女方自己有一套房子，而赵平城没有。赵平城就决定等到自己买了房子之后再结婚，而且赵平城只想用自己的工资买房，这可真是遥遥无期了。两个人的年纪现在都奔四了，等买了房之后再结婚真的不知道是何年何月了。

男方这样拖下去，女方很可能就会因为等不起而放弃和他在一起。男方的确是很有斗志的，但是结婚过日子幸福不幸福，不是仅仅凭着有斗志就可以的。幸福，不过就是有个温馨的小家，过着知足、快乐的生活。这样拖延自己的幸福，很可能到最后就没有幸福了。

还有一类“剩男剩女”，其实就是一些比较渴望自由的人。这类人感觉自己拥有很多的资源，在自己一个人的时候是比较幸福的，所以他们很排斥和其他人共同享受一个空间。尽管总是被自己的亲人朋友念叨着“赶紧找个对象吧”，但是他们还是坚持着一个人。这些人很可能就是所谓的“钻石王老五”，也有可能是在自己的事业上很成功的人士，他们渴望自由的心，或者对不受人约束的向往比找一个人一起过日子要强烈。

现如今，人们开始谈恋爱的年龄越来越小了，结婚的年龄却是越来越大了，其实这就是一种典型的拖延幸福的行为。

有的人可能是在刚开始的时候遇人不淑，所以对这个世界上的爱情就不再期待，对于婚姻也会丧失期望；或者是自己一直处在相亲的道路上，对于自己现在的相亲对象十分不满意，总是想着，下一个相亲对象肯定比这个要好，所以也是一拖再拖，直到自己的年龄慢慢地变大；也有可能是自己的眼光很高，“高不成低不就”，自己的事业已经步入了正常的轨道，什么样的人都入不了自己的眼，比较优秀的人却也看不上自己，即便是自己看上了对方，觉得对方有稍微不好的地方，又感觉自己受委屈了，最后还是不喜欢。所以，“剩男剩女”是拖出来的，而拖到了最后，很可能会随便找一个人结束自己的单身生活。

99%与100%，有着天壤之别

这个社会上，每个人都有自己的位置，每个人位置不同，职责也就不同。但无论职责有何差异，都要有一个共同的做事准则——做事做到位。做事做到位，就是要有严谨的做事态度，对要做的事情不能敷衍，要认真去办，并力争做到最好。

能够做好自己的事情，是成功的第一要素，把事情做到位，是有效执行的第一要素。齐格勒说："如果你能够尽到自己的本分，尽力完成自己应该做的事情，那么总有一天，你能够随心所欲从事自己想要做的事情。"反之，若是做事情总是敷衍、差不多就行，那最后永远无法走向成功。

在做事的执行力上，往往差一点点，最后的结果就会大相径庭。很多人觉得做到99%就非常棒了，但往往就是差的这1%，导致他们最后难以成功。

闻名世界的"塑料大王"王永庆，在年轻时曾经吃过很多苦。早在16岁时，他就用向父亲借来的两百元钱开了一家米店，米店虽小，但他始终精心经营。

当时，大米加工技术落后，大米里会混杂着很多的米糠、沙粒、小石头等杂物，买卖双方早已是见怪不怪，但王永庆没有习以为常，他选择了更进一步的服务方式——在每次卖米前都把米中的杂物拣干净。

王永庆卖米多是送货上门，但并非送到就行，他还会帮人家将米倒进米缸里。如果米缸里还有米，他会先将旧米倒出来，将米缸刷干净，然后再将新米倒进去，将旧米放在上层，这样，米就不至于因存放过久而变质。

王永庆的这些行为可以说都是举手之劳，却为顾客带来了很多方便，不少顾客深受感动，铁了心专买他的米。就这样，他的生意越做越好，最终成为台湾工业界的“龙头老大”。

小小的卖米生意，王永庆却将其做得如此细致到位，这也难怪他会成就如今的霸业了。所以，我们也就不难想象，为什么像王永庆这样的成功者在世界上永远只是少数，正是因为那些和他同样富有理想的人，都是在做事不到位上就把自己的成功机会给扼杀了。

生活中的很多细节不到位，就会造成很大影响。这也就是人们常说的“细节决定成败”。

一百件事情，做好九十九件，只有一件没做好，但可能就因为这一件没做好，反而会对其他九十九件事情造成重大影响。

一个人看到幼蝶在茧中挣扎得很痛苦，出于怜悯，他用剪刀小心翼翼地划破了茧，让幼蝶能够快速爬出。这只幼蝶虽然出来得快了，但没过多久就死掉了。因为破茧成蝶是它们生命中最不可或缺的一步，这个过程会让蝴蝶的身体更结实、强壮，翅膀更有力量。任何一点外力的作用，都会让它们的发育无法达到正常标准，从而丧失生存和飞行能力。

遗憾的是，现实中像幼蝶这样的事情时有发生，而且很多情况下都是源于做事者自身的不良心态：

做作业时马马虎虎，考试时粗心大意，面对错误敷衍塞责；只管上学、上班却不问贡献；只管接受指令、安排却不顾结果；得过且过、应付了事，将把事情做得“差不多”作为自己的最高准则；做事情能拖就拖，很少在规定的时间内完成任务……

这些都是做事不到位的具体表现。而这样做事的人，又怎么能担当重任呢？

做事做到位是每一个人最起码的做事准则，也是最基本的做人要求。只有做事做到位，你才能真正提高办事效率，才能获得更多的发展机会，才能赢得学业和事业上的成功。因此，你必须养成做事做到位的好习惯。

首先，必须拒绝投机取巧。

很多人常常不愿意付出与成功相应的努力：他们希望到达辉煌的巅峰，却不愿意经过艰难的跋涉；他们渴望取得胜利，却不愿意做出牺牲。这是一种普遍的投机取巧心态，而成功者的秘诀之一就在于他们能够超越这种心态。

无论事情大小，如果总是试图投机取巧，可能表面上看来会节约一些时间和精力，会获得一时的便利，但结果往往是浪费更多的时间、精力和钱财，甚至会在心里埋下隐患，使自己的意志无法坚定，也就无法实现自己的任何追求。

从长远来看，投机取巧有百害而无一利，不但会令人的能力退化，还会令人心灵堕落。只有勤奋踏实、尽心竭力地做事情才是最高尚的，才能给人带来真正的幸福和乐趣。

其次，做事情要一丝不苟。

有些人内心充满了激情和理想，然而一旦他们面对平凡的生活和琐碎的事情，就会变得无可奈何，他们就会对自己说："如此枯燥、单调的事情，根本不值得我全心投入！"

在实际生活中，我们必须脚踏实地地衡量自己的实力，不断调整自己的方向，一步一步才能达到自己的目标。每一件事，不论大小都值得用心去做，而且对那些小事更应该如此。那些在事业上取得一定成就的人，他们无一不是从简单的事情和低微的工作中一步一步走上来的。他们总能在一些细小的事情中找到个人成长的支点，不断调整自己的心态，用恒久的努力打破困境，走向卓越与伟大。

一位先哲说过："如果有事情必须去做，便积极投入地去做吧！"做事情一丝不苟，能够迅速培养我们的品格，使我们获得智慧，加速我们的进步与成长，带领我们往好的方向前进，鼓舞我们不断追求进步。

最后，要追求一种精益求精的做事状态。

一年 365 天，一天 24 小时，一小时 60 分钟……一些人经常在应付中生活，与应付相伴，做一天和尚撞一天钟，从不打算认真踏实地做好每一件事。他们没有奋斗目标，没有成就感，终日心思惶惶，过着"悠哉游哉"的生活。

这是一种缺乏责任心的表现，也是隐藏在成功道路上的一颗定时炸弹，时机一到，就会轰然爆炸，贻害无穷。有些人本来具有出众的才华，很有前途，但因为没有养成精益求精的好习惯，后来也就无法成就一番伟业。

做事是我们生活的重要组成部分，如果总是应付了事，不但会降低做事的效率，而且还会使我们丧失做事的才能。成功者无论做什么事情，都会以最高的规格要求自己，能做到最好，就必须做到 100%。

有一家房地产公司要勘察一块地方建房，这家公司的工程师在勘察拍摄项目全景时，本来最简单和方便的办法是站在楼上拍摄，但他偏要徒步走两千米，爬到一座山上进行全方位的拍摄。

有人问他为何要如此烦琐，他回答："我勘察完回到公司是要向董事会汇报的，只有详细地了解了这块地以及周边环境，才可以把整个项目的情况完完整整地报告，不然就是我事情没有做到位。"

这位工程师的个人信条就是："我负责做的事情，不会让任何人操心。任何事情，只有做到100分才是合格，99分都是不合格，60分就是次品、半次品。"

一个人成功与否，就在于他是不是做什么事情都力求做到最好。事无大小，竭尽心力，力求完美，执行到位，这是成功者的信条。所以，只要你能够动用自己的全部智能，把事情做得比别人更完美、更快速、更准确、更专注就能成为一个执行超人，一个成功的人。

拖沓是拖延的种子，埋下后就会茁壮成长

没有谁一出生就带有拖延的毛病，也没有谁天生就是慢性子，拖延症的“养成”从来都不可能一蹴而就，它需要一个过程，这个过程很可能并不短暂。

不爱睡懒觉的人有，但绝对不多。周末的时候，窝在床上，睡觉睡到自然醒实在是一件再幸福不过的事情。这样的幸福，我们每一个人都享受过，并悠悠然乐在其中，难道这就是拖延？这就是错误？

工作累了，喝杯咖啡，聊聊天，将任务往后推一推，这无可厚非，难道这也是拖延？这也是罪过？

不，睡睡懒觉，拖拖工作，这是人之常情，每个人都会有这样的经历，真要较真的话，这也只能算是拖沓，而不是拖延。

每个人或多或少都会有拖沓的习惯，日常生活中，性子“慢”一些也无伤大雅，可拖沓是拖延的种子，也许，就在我们不经意间便会生根发芽。

地上一点点微弱的火星，很少有人去在意，但火星引发的燎原大火会让人心惊胆战。我们常说“千里之堤，溃于蚁穴”，这并不是没有道理的。

拖沓就是我们心中的火星，看上去那么的不起眼，没有谁会认为它能带来什么危险，可一旦给它“成长”的时间，它就会蜕变成拖延的漫天大火，将我们焚烧得连渣都不剩。

当然了，很多时候，微弱的火星在没有成长起来之前就已经陨灭了，这需要懂得我们未雨绸缪、防微杜渐，我们不能因为99%的陨灭而忽视那1%的燎原，否则，必将追悔莫及。

拖沓的确是小毛病，但拖延症是大毛病，毛毛虫到了蛹期会结茧，破茧之后释放的是蝴蝶的美丽，而拖沓也会“结茧”，只不过破茧之后，释放的却是拖延。

我在一本学生类的杂志上看到过这样一篇报道：

林夕燕今年17岁，长相甜美，性格温和，成绩优异，多才多艺，是H市一中当之无愧的校花，老师和同学们都很喜欢她。然而，林夕燕什么都好，就是有个坏习惯——拖沓，不管做什么事，她都喜欢拖一拖，慢条斯理的样子让所有人都为她着急。

每次交作业，“压轴”的那个绝对是林夕燕，即便是班上最调皮的肖豪，交的都比她早；每次考试，最后一个交卷的也肯定是林夕燕，即便卷子上的题她不是不会做。因为她的种种表现，“压寨夫人”的雅号被扣到了她的头上，她也为自己的拖沓付出了代价。

高考的时候，林夕燕一如既往，答题也慢悠悠的，结果，当年高考题量特别大，试题的难度也不小，时间本来就紧，林夕燕因为拖沓，本来会做的题也没做完，不会做的题那就更不用说了，结果，本来有望读一本的她，却连专科都没有考上，只得复读一年。

面对失败的惨痛，林夕燕痛苦不已，她告诉老师：“我知道拖沓不好，但仿佛是拖成瘾了，我做卷子之前为了舒缓心情，会下意识地转一分钟铅笔，可是后来，转铅笔的时间越来越长，从一分钟变成一分半钟、两分钟、三分钟、五分钟，甚至十分钟、二十分钟……”

听了林夕燕的话，老师感叹不已。林夕燕这是得病了，病的名字叫拖延症，必须尽早治，治不好会贻害无穷，而造成林夕燕患病的原因，正是她的一分钟转笔的行为，她的拖沓。

拖沓是拖延的“母亲”，而拖延则是失败的帮凶，它毁掉了林夕燕，而同样拖沓的我们又凭什么保证自己不会是林夕燕？

拒绝拖沓，将拖延闷死在摇篮里。拖延症是一种很复杂的心理疾病，患病的原因有很多。有人患病是因为恐惧失败，有人患病是因为害怕成功，有人患病是因为不甘心被命运“掌控”，有人患病是因为体质特殊、无法集中精力……但是，拖延症最大的“病灶”并不是这些，而是拖沓。拖沓的“潜移默化”“步步蚕食”“逐渐渗透”才是使我们沉沦的主凶。

我以前给一家杂志社写稿，听杂志社的一位编辑讲过他们办公室一位同事的事情，印象深刻，这位编辑的同事就是因为拖沓最后丢掉了工作。我们暂且叫这位编辑的同事为丽丽。

丽丽是办公室远近闻名的超级名“磨”，人送外号“肉夹馍”，这可不是因为她擅长做肉夹馍或者她对肉夹馍情有独钟，而是因为她这个人非常磨蹭，对工作超有韧性。有时候看着像一座山一样的事情堆在她眼前：摊开的文件，一个该打的电话，一封该发出去的邮件，一篇该尘埃落定的文稿，还有自己焦急不安的小心脏……别人都替她着急了，可她自己还是丝毫没有紧张的感觉，总是不紧不慢，一边咬着手指甲，一边盯着电脑发呆。

每次领导分给她重要的选题，都会狠狠触动她的神经，她在心里暗下决心要把它做好，“这么棒的选题，自然要做得出彩，哪能轻易动手。”丽丽是处女座，凡事要求尽善尽美，所以从任务下达那天开始一直到截止日期，丽丽迟迟都没有动手，她总是在告诉自己最合适的写稿时间还没有到来，需要耐心等待。今天等明天，明天等后天，等来等去的结果就是一拖再拖，每次都是等到过了交稿的最后期限，总编催很多遍她才手忙脚乱地赶稿子。可是赶稿子的时候也还得拖拉几天，今天写不完，明天再写吧，今天还跟朋友约好了去逛街呢，正好路上可以和朋友讨论一下，顺便理一下自己的思路，于是时间又这么拖过去了。由于她的稿子总是姗姗来迟，几次三番后，每次有什么好的选题领导都绕着她走了，对她自己来说确实工作压力减小了不少，不过久而久之因为没有什么大用处她就被老板给辞退了。

拖沓诚享受，拖延价太高。珍惜生命，远离拖沓，就让我们先从自己开始做起吧！

拖延有时来自依赖，总有人害怕独当一面

如果你是一名“资深”拖延者，你是否有这样的经历：学生时代，你习惯性地等待父母为你准备好一切再出门上学，晚上回家不敢一个人走夜路；择业时，你需要问过所有人的意见才决定从事什么职业；工作中，领导让你执行某个任务，你总是让某个前辈陪同……不少拖延者都有依赖他人的坏习惯，缺乏勇气、害怕独自执行，他们宁愿选择拖着。事实上，无论是谁，要想做出成绩，乃至获得在某个领域的成功，就必须要独立思考、敢于走在人前。依赖者只会成为别人的附庸，并且，你是否考虑过，那个被你依赖的人是何感想？

我有几个很要好的朋友，庞晓菲就是其中一个。她是个美丽的女孩，皮肤白皙、身材姣好，为人处世温文尔雅，但就是有一点不好，她是个典型的小女人，一点主见也没有。在婚姻中对丈夫言听计从，在和我们这些朋友的交往中，她也总是显得很被动，就连周末晚上看什么电影也要询问朋友。

最近，庞晓菲遇到了一件很苦恼的事，她发现丈夫好像有点不对劲，直觉告诉她，丈夫可能有了外遇，她不知道该怎么办，

便把我们另一个很要好的朋友倩倩约出来。

“我该怎么办啊？”庞晓菲一见到倩倩就迫不及待地问。

“什么怎么办，找他摊牌啊，问清楚情况。”倩倩是个急性子。

“我哪儿敢啊，这么多年来，都是他在挣钱养家。”

“庞晓菲，我真不知道说你什么好，你知道吗？你最大的问题就在这儿。”倩倩脱口而出。

“什么问题？”

“太过依赖别人了，得了，索性我今天把话说完吧，你知道这么多年以来，你为什么都没什么朋友吗？因为他们觉得和你在一起挺累的，什么都要问他们，你的时间很充裕，一个人无聊，但大家都有工作啊，都得养家糊口。可能你和你老公在相处的过程中也是这样，你们家什么都是他做主，以至于长时间以来他觉得腻了。可能我说这些你会伤心，但作为你的好朋友，我觉得我有必要对你说。”

听完倩倩的一番话，庞晓菲好像被人当头一棒，但她很快反应过来：“没事，我知道你是为了我好，也许我是该好好想想，也需要改变一下了。”

从这个案例中，我们看到的是：依赖者缺乏主见，无论是做事还是做人，他们习惯性听从别人的意见，他们只能被别人牵着鼻子走，并且，还会让他人产生一种压抑的感觉。

有人说，生活最大的危险不在别人，而在于自己。不在于自己没有想法，而在于总是依赖别人。的确，依赖所带来的拖延足以抹杀一个人意欲前进的雄心和勇气，阻止自己用努力去换取成功的快乐。依赖会让自己日复一日地滞足不前，以至于一生碌碌无为。过度依赖，会使自己丧失独立的权利，也会给自己的未来挖下失败的陷阱。

我看到过这样一个故事：

有一个叫约翰森的人，他经历过这样一件事：

19 岁那年的某一天，有个朋友和他约好周日早上一起去钓鱼，约翰森很高兴，因为他还不会钓鱼。

头天晚上，他先收拾好所有装备，比如鱼饵、鱼竿等，因为太兴奋，他居然穿着自己刚买的网球鞋就上床了。

第二天他早早地起床，时不时地朝窗外看，看他的朋友有没有开车来接他。然而，令人沮丧的是，他的朋友完全把这件事忘记了。

约翰森这时并没有爬回床上生闷气或是懊恼不已，相反，他意识到这可能就是他一生中学会自立自主的关键时刻。

于是，他跑到离家最近的超市，花掉了所有的积蓄，买了一艘他心仪已久的橡胶救生艇。中午的时候，他将自己的橡胶救生艇充上气，顶在头上，里面放着钓鱼的用具，活像个原始狩猎人。

随后，他来到了河边，将橡胶救生艇滑入水中，他摇着桨，假装自己在驾驶一艘豪华大油轮。那天，他钓到了一些鱼，又享用了带去的三明治，用军用壶喝了一些果汁。

后来，他回忆起这次的情景，他说，那是他一生中最美妙的日子之一，是生命中的一大高潮。朋友的失约教会了他凡事要自己去做。

约翰森的故事告诉我们，很多时候，事情并没有你想象的那么难，你只需要敢于走出第一步。

其实，人生成功的过程也就是个人克服自身性格缺陷的过程，如果你也有依赖性格，就必须从现在起，靠自己的努力去克服。如果你具有依赖心理而得不到及时纠正，发展下去有可能形成依赖型人格障碍。为此，你可以从以下几个方面纠正。

1. 充分认识到依赖心理的危害

纠正平时养成的各种不好的习惯，提高自身能力。遇到任何事，首先要想着自己处理，不能一出现问题，就想着让别人帮忙。唯有这样，才能慢慢学会独立思考。

2. 戒除习惯性依赖

对于依赖性人格而言，依赖已经成为日常的一种习惯。要戒除这种习惯，就要先检查自己在日常生活中，有哪些事情是可以靠自己完成的。把能够自己完成和自主决定的事情，先靠自己的能力完成。这样坚持一个星期，你就会发现自身的改变了。

3. 增强自控能力

自主意识差，可以通过提高自控力来改善。对于自己能够解决的事情，要先自我寻找方法，然后列出步骤，再一步步地实行。这样，就可以逐步摆脱依赖的习惯。

4. 学会独立解决问题

依赖是懒惰的附庸，要克服依赖，就得在多种场合提倡自己的事情自己做。因此，生活中的事，别再让他人为你安排了；工作中的事，也学会独立解决吧；在人际交往中，也别总是站在别人身后了，主动伸出你的双手吧。

当拖延成为一种习惯时，人也会变得不求上进

我们还小的时候，就听过这样一首儿歌："丢了一个钉子，坏了一个蹄铁；坏了一个蹄铁，折了一匹战马；折了一匹战马，伤了一位将军；伤了一位将军，输了一场战斗；输了一场战斗，亡了一个国家。"对于拖延者说来，这首歌应该非常合适。拖延不是什么大事，甚至身边人也愿意去理解，但久而久之，它对我们的危害则没办法弥补。所以，对于拖延这种会让人上瘾的习惯，我们应该改变它，战胜它。

我们都很清楚，一旦自己陷入了拖延的陷阱，就很难自拔，因为每次努力地摆脱都会让我们感觉痛苦。可是，这种摆脱的痛苦远比最终无法改变而造成永久损失要划算得多。《战胜拖拉》的作者尼尔·菲奥里曾说："我们真正的痛苦，来自因耽误而产生的持续的焦虑，来自因最后时刻所完成项目质量之低劣而产生的负罪感，还来自因失去人生中许多机会而产生的深深的悔恨。"所以，相比这悔恨，我们还有多少痛苦不能承受呢？

我有一个妹妹，叫小南。她大学刚毕业没多久，现在是个上班族。因为从小到大一直生活在家里，从来没做过饭，所以自理

能力很差。她现在上班了，平时自己还是不做饭，家里储存了很多零食，以备不时之需。周六这天，她收拾橱柜的时候发现以前买的东西都放坏了，就想着收拾收拾拿出去扔了，结果事一多，就给忘了。第二天她又想起来，就想着等到吃完晚饭下楼散步时带出去。可晚饭后她接着看没看完的电视剧，没有下楼，快睡觉的时候才想起来橱柜里坏的食物没有扔掉，可是这时候她已经不想收拾了。就这样，直到下个周末她才再次想起来去扔的时候，橱柜里已经满是虫子，一片狼藉了。最后，小南不得不花了一天的时间打扫橱柜。

扔个垃圾而已，每次都想着“这次忘了，下次再说吧”，但是总会下次又等下一次，直至垃圾成灾。做事情也是这样的道理，什么事情都不能拖延，事情拖得越久，麻烦往往就会越大。

有人说“拖延等于死亡”。很多人感觉这是在危言耸听，其实不然。

我的发小小伟最近感到自己的胸口有点疼，但是他自己毫不在意。我们好多朋友都建议他去医院检查一下，他拖着不去，还强夺理：“最近没时间去什么医院，我本来就很懒啊。”

两个月之后小伟身上的疼痛感越来越厉害了，疼得实在是拖不下去了，于是才去了医院做检查。检查结果是胸腔积水，这个时候他才意识到自己这次真的是摊上大事了。

医生告诉他，如果早来医院，吃点消炎药、打几瓶点滴就可以了。现在病情严重了，需要进行手术治疗，如果再拖下去的话，可能就出人命了。

刚开始的时候不过是一个小毛病，拖一拖也没什么关系。但是等到自己疼得没有办法忍受了，再去医院检查的时候，就会后悔没有早点来医院。也许这一次你的生命健康没有什么大碍，只能算你幸运。可拖延成习惯，以后每次还都能这么幸运吗?

大卫是美国某个火车站的火车后厢的刹车员，人特别机灵，对谁都是乐呵呵的，乘客和一起工作的同事都喜欢他。

一天晚上，一场突降的暴风雪使得火车晚点，这就意味着大卫需要加班了。和平时一样，他的嘴里开始不停地嘟囔："这个鬼天气，还让不让人活了，真是的，烦死人了！"他一边小声嘀咕，一边想着如何能够逃开这次加班。

屋漏偏逢连夜雨，因为这一场突来的暴风雪，一辆快速列车不得不改变原来的路线，几分钟之后就已经拐到大卫所在列车的轨道上了。列车长接到通知之后就马上给大卫发出了指令，让他拿着红灯到后车厢去。做过多年的刹车员，大卫知道这件事情的严重性，可他想到后车厢还有一名工程师和刹车员，也就没有太在意。他还笑着和列车长说："老兄，不用这么着急，后面有人守着呢，我拿件外套就马上过去。"列车长很严肃地告诉他："人命关天，一分钟都不能等。那列火车马上就要进站了！"

大卫看到列车长这么严肃的样子，于是也很严肃地说："我知道了！"列车长听到答复之后，就匆匆忙忙地向发动机房跑去了。

大卫平时已经习惯了做事拖拖拉拉，以此来消磨无聊的加班时间，这一次也不例外。他想，后车厢还有人呢，安全着呢，没有列车长说得那么严重。他习惯性地喝了几口小酒，驱走身上的寒气，吹着口哨慢慢悠悠地向后车厢走去了。等到他快要靠近后车厢的时候，突然想起来这时候的后车厢是没有人的，因为在半个小时之前列车长已经把他们调到前面的车厢去处理事情了。

大卫慌了，快步跑过去，但是已经太晚了。那辆快速列车的车头撞上了前面的火车，紧接着就是巨大的声响和乘客的呼喊声……

有的时候，习惯性地拖延会带来不可忽视的巨大后果。看似只不过是不起眼的、小小的拖延而已，距离那些严重的问题远着呢。但其实不然，每一个细微的环节都和生命有关系。

心理学上说“习惯会变成无意识的大脑运作过程”。如果拖延的时间一长，那么大脑就会长时间地保持并记住这个状态，渐渐地会将拖延变成一种习惯。当在面对需要及时解决的问题时，也会拖延不做。这就像是在滚雪球，滚得时间越长，球就会越大，而麻烦也将会越大，直至你已无力解决，可惜悔之晚矣。

第三章

拖延心理的陷阱：别找不到人生出口的方向

走出校门，就要明白未来想要什么

人生好比一条奔腾的河流，在人生的道路上你需要克服很多困难，才能得到提高，最终获得成功。在这个过程中，有一点很重要，那就是要清楚你要的到底是什么。我们不仅仅只是为了工作而工作，也不是为了闲着所以去忙碌。那么，当你庸庸碌碌地走完半生再回望过去时，就会猛然觉得自己既对不起时间，也对不起自己。

有一个青年非常勤奋，他希望在各方面都超越别人。他一直很努力，可是没有一点进展，他非常难过，于是就去请教一位智者。那位智者把他正在砍柴的三个弟子叫了回来，并且告诉他们说："你们把这位施主带到五里山，然后砍一担自己觉得最好的柴火。"于是三个徒弟就带着这位年轻人穿过湍急的河流，往五里山去了。

砍完柴以后返回，那位智者早已在原来的地方等待他们了。那位年轻人筋疲力尽地背着两捆柴火，蹒跚而来；另外两个徒弟一前一后，走在前面的徒弟的扁担左右各担四捆柴，而后面的那个徒弟则十分轻松地跟着。就在这个时候，从远处划来一艘小船，那艘小船把第三个徒弟和他的八捆柴火运到智者面前。

这位年轻人和另外两个徒弟对视以后便沉默了。唯独划木筏的小徒弟，与智者坦然相对。智者看到这种情况，便问："为什么这种表情，难道你们对自己的表现不满意吗？""大师能不能让我再去砍一次柴！"那个年轻人请求说，"我一开始就砍了六捆，扛到半路，就扛不动了，扔了两捆；又走了一会儿，还是压得喘不过气，又扔掉两捆；所以最后，我就只扛了两捆回来。但是，大师我真的已经尽力啦。"

大徒弟连忙说："师傅我们正好和他相反，我和老二刚开始每人各砍了两捆柴，然后我们将四捆柴放到扁担里，一起跟着这位施主走。我和师弟轮换担柴，不觉得很累，反而觉得轻松很多。后来我们把施主丢掉的柴火也捡了回来。"

坐木筏的小徒弟接着说："我年纪小，力气小，别说两捆柴，就算一捆柴我也背不动呀，更不用说从那么远的地方把柴背回来，因此，我选择走水路……"

智者很满意自己徒弟们的表现，走到年轻人面前对他说："每个人走自己的路并没有错，关键是你要选择怎么样走这段路。选择了怎么走，不要管别人怎么看，最关键的是你选择走的路是否正确。年轻人，你必须时刻牢记，选择比努力更重要。"

人一辈子最大的悲剧不是不知道自己要什么，是眼睛能看到前方，可是脚没有往前迈。成功不在于你打算如何走下去，而是在于你往哪个方向走、选择了什么样的路。没有正确的目标就永远不会到达成功的彼岸，有正确的目标而选错了路则更会令人感到悲哀。

毕业后要有规划和目标，这是每个学生都应该明白的道理。但是，有些人却没有认真思考自己的未来，只是随波逐流，结果导致了后悔和遗憾。我有一个朋友，他就是这样的一个例子。

他叫李明，是我大学的同班同学。他学习成绩一般，也没有什么特长或兴趣，平时就喜欢玩游戏和看电视。他对自己的专业也不感兴趣，只是因为父母的安排而选择了这个专业。他总是说，等毕业了再说吧，现在想那么多干嘛。

毕业季到了，我们都开始忙着找工作或者考研。李明却依然无所事事，每天就在宿舍打发时间。他说，他不想工作，也不想考研，他想出国留学。他说，他一直有一个梦想，就是去美国看看。他说，他已经申请了几所美国的大学，只要通过了托福考试，就可以拿到录取通知书。

我们都很惊讶，因为我们从来没有听他提过这个梦想。我们问他，你为什么突然想出国留学呢？你对美国的生活和学习有什么了解吗？你有做好充分的准备吗？你有足够的经济能力吗？你有明确的目标和规划吗？

李明一一回答道：我就是想出国留学呗，没什么特别的原因。我对美国的生活和学习没有什么了解，但是我觉得那里一定很好玩很自由。我没有做什么准备，只是报了一个托福培训班。我没有足够的经济能力，但是我可以申请奖学金或者助学贷款。我没有明确的目标和规划，只是想去看看。

我们都觉得李明太不成熟了，他根本没有认真考虑自己的未来，只是一时冲动而已。我们劝他不要这样盲目地出国留学，应该根据自己的兴趣和能力选择一个合适的方向。出国留学不是一件容易的事情，需要付出很多努力和牺牲。如果没有规划和目标，就算出国了也会迷失自己。

李明却不听我们的劝告，他觉得我们都是嫉妒他或者担心他比我们强。他说，他相信自己能够成功地出国留学，并且在那里过上自己想要的生活。

结果呢？李明没有通过托福考试，也没有拿到任何一所美国大学的录取通知书。他错过了所有的工作和考研机会，只能无奈地回到家里。他的父母对他很失望，也不知道该怎么帮助他。李明也很沮丧，觉得自己一无是处。

毕业后走出校门，我们选择了一份可以糊口的工作。这份工作并不那么容易，努力了，但就是做不到最好。有的人会指责说你工作态度有问题，要是真的努力了，岂有做不好之理？于是我们诚惶诚恐，加倍努力，拼命加班。但归根结底并不是我们不够爱岗敬业，而是这份工作本身并不是最适合我们的。换句话说，要把一项工作做得得心应手，我们必须选择一个正确的目标。那么，目标选错了怎么办？不要留恋，放弃它，去把握属于你的正确方向。

李开复读书选专业时也曾走过“世俗”的道路，他选择了法律专业。一年多以后他才觉得自己其实对法律并不感兴趣，而是对计算机具有浓厚的兴趣。在老师的鼓励下，他审慎地分析了自己未来的成长目标后，他在大二时决定转入哥伦比亚大学默默无名的计算机系。现在回想起来，李开复非常感慨：“若不是那天的决定，我就不会在计算机领域拥有现在的成就，很可能只是在美国某个小镇上做一个既不成功又不快乐的律师。”

21 世纪的今天，选择比努力更重要，努力一定要放在选择之后。昨天的选择决定今天的结果，今天的选择决定明天的结果。选择不对，努力白费，此刻的你做出正确的选择了吗？

有目标也要有蓝图，没有大得不能完成的梦想

改变拖延习惯的主要方法就是要有一个明确的目标。没有大到不能完成的梦想，也没有小到不值得设立的目标，执行力强的人总会朝着自己绘出的目标蓝图行动。道理很简单，设定目标，构想美好的未来蓝图，是有效执行的起点。没有目标和蓝图，就没有动力，但这个目标和蓝图必须是合理的，而且还必须在发展的过程中合理地做出调整，放弃固执，轻松地走向成功。

罗伯特·克里斯托弗拥有明确的目标和积极的心态，下面就让我们看看他成功的故事吧。

在读了朱尔斯·奎因的幻想故事《80 天周游世界记》之后，罗伯特·克里斯托弗的想象力被激发了。

“别人用 80 天环绕世界一周，现在我为什么不能用 80 美元周游世界呢？如果我有诚意和信心的话没有什么事情是办不到的。也就是说，如果我从我所在的地方出发，我将会到达我想要去的所有地方。”

“别人能够在货轮上工作而得以横渡大西洋，再搭便车全世界旅行，我为什么就不能呢？”

当时，罗伯特·克里斯托弗已经是一位熟练的摄影师了。当他做了决定后，就立刻行动起来，他拿出纸和笔，在一张便条上列出了一系列可能会遇到的问题，并记下解决每个问题的办法：

（1）与药物公司——查尔斯·菲兹公司签订一份合同，保证为其提供所要旅行的国家的土壤样品；

（2）获得一张国际驾照和一套地图，以保证提供关于中东道路情况的报告作为回报；

（3）设法得到海员文件；

（4）获得纽约警察部门开出的关于他无犯罪记录的证明；

（5）取得一个青年旅游执行所的会籍；

（6）与一个货运航空公司达成协议，该公司同意他搭飞机越过大西洋，只要他答应拍摄照片供公司宣传之用。

当 26 岁的罗伯特完成了上述计划时，他就在衣袋里装了 80 美元乘飞机离开了纽约。他此行的目的是用 80 美元周游世界。下面是他的一些经历：

（1）在加拿大的纽芬兰岛甘德城吃了早餐，怎样付餐费呢？他给厨房的炊事员照了相；

（2）在爱尔兰的超市花 4.80 美元买了 4 条美国烟，在许多国家香烟和纸币作为交易的媒介物是同样便利的；

（3）从巴黎乘大巴车到维也纳，费用是给司机一条香烟；

（4）从维也纳乘火车，越过阿尔卑斯山到达瑞士，给列车员 4 包香烟作为此次搭车的回报；

（5）在叙利亚乘公共汽车的途中，罗伯特给一位警察照了相，这位警察非常高兴，便让一辆公共汽车免费为他服务；

（6）给伊拉克的特快运输公司的经理和职员照了一张相，这使他从伊拉克首都巴格达到了伊朗首都德黑兰；

（7）在曼谷，罗伯特为一家极豪华的旅行社主人提供了其所需要的信息——一个特殊地区的详细情况和一套地图，于是他受到了很好的招待；

（8）罗伯特成为“飞行浪花”号轮船的一名水手，从日本到了旧金山。

他的确实现了目标——用80美元周游世界。

明确的目标和积极的心态激励着罗伯特，从而使他实现了一个特殊的目标。罗伯特的案例说明，敢于对自己的未来做出大胆的尝试，敢于设定远大的人生目标，才能成就伟大的事业。没有美好蓝图，没有明确目标，或目标漂移不定的人生，最后所得到的结果是不会令人满意的。所以，只有朝着确定的目标前进，才能告别拖延症、提升执行力，完成一些一般人认为很难完成的事。

拥有了计划，才可一步步向目标前行

有种拖延叫忙中出错，很容易理解：出错了，就要花时间纠正，这样自然耽误了做事的进程。如何保证执行不因为走弯路而耽误事情，这就需要有一个周密的计划。计划不仅仅是做事的流程，是执行的保证，还是实现目标的蓝图。

一位身怀六甲的妈妈，她不仅要细心呵护腹中的胎儿，还要开始制定日后的育婴计划。唯有如此，孩子才会得到系统教育，全面发展自己的才能。对待欲望也应如此。你已经感觉到，欲望在你内心深处蠢蠢欲动，这时，你所要做的就是培育你的欲望，并制定出切实可行的计划并将其实现。计划，就是实现目标的蓝图。在它的指引下，你将步步为营，稳扎稳打，告别拖延症，提升执行力，向着正确的方向前进。

有一位年轻的猎人，他虽然已经跟着老猎人狩猎了很多次，但从来没有自己单独干过。终于，他盼来了单独行动的机会。这是他第一次自己行动，他十分兴奋，逢人便讲自己要一个人去打猎了。人们对他表示祝贺，但也不断提醒他要检查好自己的枪支弹药。这位年轻人信心满满，对他人的善意提醒置若罔闻。

由于兴奋，这位年轻人晚上没有睡好，第二天一早就出门了。

出门之前，老猎人提醒他说："你先把子弹装入枪膛中，这样遇到猎物，你就可以马上开枪。"

"没有必要。要知道我装子弹的速度是最快的。"年轻的猎人回答道。

没过多久，他在河岸边发现了一大群野鸭。他很兴奋，马上掏出子弹，装入枪膛。但是，装子弹时的轻微声响已经惊动了这群警惕性很高的野鸭，它们立刻飞走了。

年轻的猎人很后悔，心里暗暗自责："早知道就把子弹装好了。"不过，他又宽慰自己："时间还早，这只是些小猎物，而且现在子弹已经上膛了，看我打一个大猎物带回去让他们瞧瞧。"

好运似乎落在了这位第一次单独行动的猎人身上。没走多久，他就发现了林中有一头正在觅食的麋鹿。"这可是个大猎物！"他暗自高兴。于是，他马上举起枪，屏气凝神，瞄准，果断扣动扳机。但是，只听到"咔"的一声扣动扳机的声音，枪却没有响，子弹并没有被发射出去。原来他的扳机出了问题。

"真是倒霉！怎么第一次单独行动，就遇到了这么多倒霉事。早知道，我就该听别人的，在前一天将猎枪好好检查一下。"更让他沮丧的是，麋鹿听到扣动扳机的声音，已经消失在了树林中。

机会一再错失。结果，这位年轻的猎人一无所获地返回了村子。

年轻的猎人盲目地自信乐观，既不去检查自己的装备，又不愿意倾听他人的意见，最终落得被人讥笑的结果。可见，无论做什么事情，事前必须要有所计划和准备。在制定计划的过程中，必须对将来会出现的情况有所预测，分析哪些事情可能会发生，哪些事情可能成为自己的阻力，自己应该采取什么样的方法来解决出现的问题……经过缜密的思考之后，就可以规划出自己的行动蓝图，并根据这一蓝图做好准备，积极应对可能出现的问题。

制定出适合自己的计划，往往会起到事半功倍的效果。一个适合自己的计划，可以发挥自己最大的潜力；一个适合自己的计划，可以减轻忧虑、急躁、自我怀疑等负面心理对自己的影响；一个适合自己的计划，可以使成功的步骤变得更加简洁明了。

面对将要发生的事情，很多人根本没有计划意识。“兵来将挡，水来土掩”，我们常常这样自我暗示。可是要知道，如果没有事前的计划，我们何以找到好用的“将”、充足的“土”，我们又怎能从容不迫地面对一触即发的危局。如果没有计划意识，一个人对于自己内心欲望的感知必然是模糊的，那么他所走的每一步也必将是混乱的。

计划，是一个人对于自身的了解，是一个人对于事件发展的预判，也是一个人解决问题的蓝图。拥有计划意识，是每一个想要实现自己欲望的人必不可少的素质。如果你仅仅满足于在头脑中幻想欲望的实现，那么你当然不必劳神费思地制定计划、规划蓝图。但是如果你希望把自己的欲望变为现实，那么拥有计划意识，制定一个适合自己的计划就是成功路上的关键一步。

目标要及时“检修”，不能一条道走到黑

我们都知道，计划对于一个人的工作起着至关重要的作用。有了计划和目标，我们的行动才有指引。就连那些指挥作战的军事家，他们在战斗打响前，也都会制定几套作战方案；企业家在产品投放市场前，也会制订一系列的市场营销计划。学会制订计划，意义重大，它是我们实现目标的必由之路。然而，计划是否完备、是否万无一失、是否在执行的过程中与原定目标逐渐偏离，还需要我们在做事的过程中经常检查。

可能你曾有这样的经历：当上级领导交代给你一件任务后，你也为此做了精心的准备，制定好了实施方案，在整个执行的过程中，你一鼓作气，认为完美无瑕，而当你把工作成果交给领导时，被领导批评这份成果已与原本的任务目标背道而驰。这就是为什么我们常常会被上司、领导及长辈教导做事一定要带着脑子，一定要多思考，以防偏差。

我的侄女娜娜是一名高三的学生，还有三个月，她就要上“战场”了。这天周末，我们家族所有亲戚聚会，在饭桌上时，大家的话题很容易便转到娜娜高考这件事上了。其中娜娜和她姑姑的

对话让我印象很深刻：

姑姑问娜娜：“你想上什么大学啊？”

“X 大。”娜娜脱口而出。

“我记得你上高一的时候跟我说的是北大，那时候你信誓旦旦说自己一定要考上，现在怎么降低标准了？娜娜，你这样可不行。”

“哎呀，姑姑，咱得实际点是不是，高一的时候，树立一个远大的目标是为了激励自己不断努力，但到了高三了，我自己的实力如何我很清楚，我发现，考北大已经不现实了，如果还是向着当初的目标努力，那么，我的自信心只会不断递减，哪里会有动力学习呢？您说是不是？”

“你说得倒也对，制定任何目标都应该实事求是，而不应该好高骛远啊，看来，我也不能给我们家娜娜太大压力，让她自己决定上哪个学校吧。”

这段对话中，娜娜的话很有道理。的确，任何计划和目标都应该根据自身的情况和时间段来规划，不切实际的目标只会打击我们的自信心。诚然，我们应该肯定目标的重要意义，但这并不代表我们应该固守目标、一成不变，很多专家为那些求学的人提出建议，从而使他们懂得要不断调整自己的目标。

其实，不仅是学习，在工作中，我们也要及时调整自己的计划。做事不能盲目，工作的第一步应该是明确自己的目标，有目标才会有动力，有了动力才能够前进。但在总体目标下，我们可以适当调整自己的计划，这正如石油大王洛克菲勒所说的：“全面检查一次，再决定哪一项计划最好。”任何一个初入职场的年轻人都应该记住洛克菲勒的话，平时多做一手准备，多检查计划是否合理，就能减少一点失误，就会多一分把握。

是什么

拖延症是指自我调节失败，在能够预料后果有害的情况下，仍然把计划的事情往后推迟的一种行为。

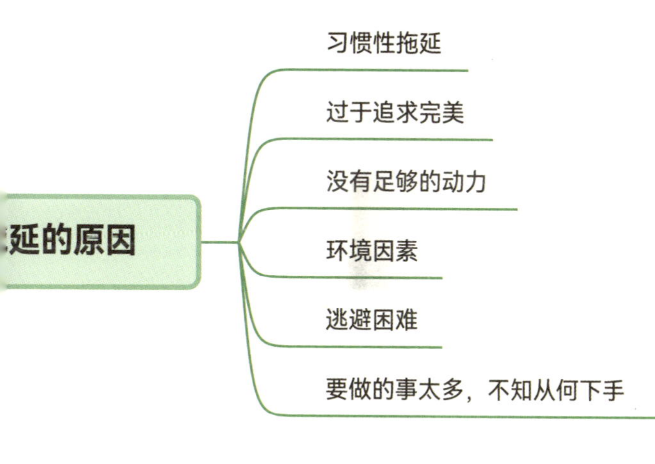

的危害

- 变得逃避现实
- 对自己产生怀疑、不自信
- 容易焦虑、精神不振
- 好的想法无法实现

法

- 不为拖延找借口，立刻行动
- 列清单，做计划，定目标
- 避开干扰，全身心投入工作
- 适当休息，不疲劳工作

进行得很顺利，可令人意外的是，卡耐基突然提出了一个问题："你是否愿意接受一份没有报酬的工作——用20年时间来研究世界上的成功人士？"

没有报酬的工作谁也不会愿意接受，而有机会接触到全世界最成功的人士，又是希尔一直以来的梦想。二者相权，让他一时有些为难。可是，他突然意识到，这一定是一项具有挑战性的工作，一个人的人生不应该在平淡中度过。于是，他没有多做考虑，坚定果敢地回答："我愿意！"

对于如此迅速的回答，卡耐基有些意外："你真的考虑好了吗？"

"是的，我愿意！"希尔更加坚定地说。

卡耐基露出满意的笑容，指着手表说："年轻人，如果你回答的时间超过60秒，你将无法得到这次机会。我已经考察了近百位年轻人，没有一个人能够如此迅速地给出答案，这说明他们过于优柔寡断。所以，我认可你。"

在那以后，通过卡耐基引荐，希尔有幸采访到像爱迪生这样的世界知名人士。在短短几年的时间里，他结识了社会各界卓有成就的社会名流近500人。他把这些人的成功经验写成一本著作——《成功规律》。此书一经问世就遭到了疯抢。

通过20年的努力，希尔不仅成为美国享有盛誉的学者、演讲家、教育家和拥有万贯家财的畅销书作家，还成为美国两届总统——威尔逊和罗斯福的顾问。

在回忆自己成功的经历时，希尔说："果断是成功的救命草。没有那天我坚定的应答，就没有今天的成就。"在通往成功的道路上，我们每个人都能得到相等机会，而差别就在于我们是否能够把握住这些机会。

一个人总是前怕狼后怕虎，总是徘徊不定，只会让自己陷入尴尬两难的境地。有些事迟迟无法决定，时间拖得越久，就会在各种矛盾纠结中越发痛苦，直到丧失大好良机。古往今来凡成大事者，都有一个共同的特点：处事果决，当机立断。足球教练在比赛中能够果断换人就能扭转败局；军事家在战斗中能够果断出击就能把握战机；企业家在商场中能够果断决策就能无往不利。

美国默卡尔集团董事长菲利博·默卡尔曾经讲过这样一个故事：

1975 年 3 月，墨西哥发生了猪瘟并且波及牛羊等家畜。听到了这则消息，当时还是一家小型肉食加工公司老板的默卡尔突然意识到，这是一个千载难逢的商机。因为如果墨西哥暴发猪瘟，靠近墨西哥的加利福尼亚州和得克萨斯州也一定不能幸免。这两个州是美国肉食的主要供应地。到时候，肉食供应肯定会紧张，肉价会一路飙升。

在其他人还在犹豫不决、袖手旁观时，默卡尔果断做出决定：集中公司全部资金，动用公司全部人力，在猪瘟到达前在加利福尼亚州和得克萨斯州购买大量猪肉和牛羊肉。不到一个月时间，默卡尔的公司就准备了足够多的肉类食品。

果不其然，墨西哥的猪瘟蔓延到了美国。为了防止事态的恶化，政府下令：禁止加利福尼亚州和得克萨斯州的肉类食品外运。这导致美国国内肉类食品短缺，价格暴涨。仅用了 8 个月时间，默卡尔的一个果断决策就让他净赚了 1500 万美元，为他以后的事业奠定了雄厚基础。

有人说，人生每天都是一个崭新的开始，我们能左右的就是出发还是等待。生活中的机遇比比皆是，但机遇就像天空的闪电，稍纵即逝。因此，要抓住机会，果断决策，心动之后立即行动。

英国小说家艾略特说：“世上没有一个伟大的业绩是由事事都求稳操胜券的犹豫不决者创造的。”果断的人为了获取成功，往往敢于挑战风险，即使做出错误的选择也能够迅速地纠正。所以，不要因为害怕失败就瞻前顾后，大的成就往往始于果断地行动。

设定了目标，就要设定完成目标的期限

有没有意志力完成一件事，很多时候是对自己要求严不严的结果。为自己设定一个期限，从某种程度上就会强化完成事情的意志力。缺乏意志，做事就会出现拖延现象。

“拖延”二字，本身就包含着难以到达目标的意思。拖延会给我们的生活带来严重的干扰，以致我们几乎无法完成所设定的目标。即使最终完成了目标，其间也经历了很多痛苦的挣扎。

经常拖延的人，很难确定奋斗目标，因为他们经常忙着设定目标，但设定的目标又总是模棱两可，或者缺乏时间期限。比如，“今天我得做完一些事”或“我准备在几个月的时间里完成这项工作”。如果以这样的方式设定目标，不仅目标含糊不清，完成的时间也没有限制，反而更容易引起拖延的问题。

19世纪伟大的浪漫主义诗人柯勒律治，本来可以取得辉煌的成就，但本该属于他的荣誉被授予了与他同时代的威廉·华兹华斯。

柯勒律治的悲剧就是因为他的拖延症已经到了无可救药的地步。他推迟了承诺完成的作品十几年之久。他非常著名的甚至到

了今天还依旧被英国文学课堂广泛学习的诗篇中都可以窥探到他拖延的痕迹，如《克里斯德蓓》《忽必烈汗》……很多都是以未完成的形式发表的。而让人惊叹的是，就是这些未完成发表的作品，从他动笔到发表竟都相隔了20年之久。虽然《老水手行》是完整的，但也推迟了5年才付印。

拖延也给柯勒律治带来了很坏的影响。作家莫莉·雷菲布勒在《鸦片的束缚》一书中这样描述："他的存在变成了一长串连绵不绝的拖延、借口、谎言、人情债、堕落和失败的不快经历……"

同时，财务问题充斥着柯勒律治的生活，尽管大多数项目计划周密，他却很少启动或完成。他的健康状况也是一塌糊涂，而鸦片成瘾又加剧了健康的恶化，但他整整拖延了10年才去接受治疗。日益逼近的截稿期限所带来的压力，也消解了工作本身的乐趣。他说："一想到我必须加快步伐出稿，写作时最惬意的时光就会戛然而止。"因此，他也失去了仅有的几个朋友，他的婚姻也因拖延而终结。

柯勒律治本该是一位能够获得巨大成功的伟大诗人，却因拖延而失去了成功的机会，甚至还因此失去了财富、健康与幸福。可见，要想不让自己步柯勒律治的后尘，就必须有坚强的意志力战胜拖延。

做事因为缺乏意志力而拖延，说白了就是搁着今天的事情不做，而留到明天去做，在这种拖延中所耗费的时间、精力足以将那件事做好。整理以前积累的事情，可能会使人感到非常不愉快。很多人都会有这样的心理，本来一下子就能轻松愉快地做好的事，拖延几天、几周之后，就显得惹人讨厌且困难了。所以，拖延不仅完不成事情，还会给自己带来负面情绪。既然如此，为什么不在当时就完成呢？对那些喜欢拖延的人来说，给自己设定一个完成任务的最后期限，并且要自己严格遵守，不可以超过这个期限。坚持下去，你就会发现自己正在渐渐远离拖延这个坏毛病，自控力也会一步步地提升。那么，怎样才能做到在期限内完成任务呢？

首先，计划好自己完成任务的时间。

准备完成一项工作或任务时，提前给自己设定一个截止日期，规定最晚在什么时间完成。否则，可能要花费比实际需要多几倍的时间才能完成，不仅不利于工作或任务的顺利进行，还会加重拖延现象，不利于意志力的培养与提升。

计划好自己的时间，将工作或任务之外的事情都考虑进去，如休闲、运动或陪家人的时间等，不要将这些因素作为借口进行拖延。

如果没有空闲时间，不妨随身携带一个未完成任务的列表。如果有空闲时间，则可以做一些有计划的休闲活动，或进行一些思考。

不要在没完成任务时进行毫无计划的放松，尤其是在给接下来的工作确定了截止日期的情况下，如果不好好控制时间，就可能超出截止日期，浪费时间。

其次，设定专注时间，让工作更高效。

在工作中出现拖延迹象时，不妨给自己设定一个专注时间，并开始倒计时。这样，心理上就会产生紧迫感，从而使自己更加集中注意力去完成任务。

这种方法很有效，也更易于操作，是一种化整为零的思想。

设定 20 分钟为一个工作的专注时间段。在这 20 分钟内，必须专注于眼前的工作，不受任何干扰，直到 20 分钟的闹铃响起。

休息 5 分钟，可以做做深呼吸，或到户外活动一下，让自己的身心适当放松，然后再设定下一个 20 分钟的专注时间段 。

如果 20 分钟还是让你感到无法承受，那么可以先设定较短的时间段，如 10 分钟、5 分钟，甚至 1 分钟的期限。如果在这个期限内能专注工作了，就试着适当增加专注时间段的长度。

当在工作时间内被干扰或无法继续下去时，可以看一下工作时间段的剩余时间，然后暗示自己再坚持几分钟就结束了，从而锻炼自控能力，不让自己拖延。

最后，尝试“创造性拖延”。

所谓“创造性拖延”，就是在完成工作的期限之内，重新调整需要优先处理的短期工作（或步骤）。比如将自己喜欢的那部分工作（或步骤）提前完成，而将自己不喜欢的那部分推后完成，这样也能够实现总体的工作目标，并且还能避免精力的耗费。

要注意的是，优先处理的短期工作必须与总体工作目标有关，不能是其他的无关工作。

先定一个小目标，先别想挣他一个亿

网络上流传着一句话，也成为众多人开玩笑时的语言，就是王健林的那句：先定一个小目标，挣他一个亿。这句话被很多网友调侃，但这里，我想说说这句话的前半句——先定一个小目标。

俞敏洪是一个善于将大目标分解为许多小目标的高手，他认为，如果将创业目标比作大房子的话，那么达到终极目标的路程就是一个建造大房子的艰难过程。漂亮美观的大房子是由一块一块砖头垒起来的，这一块块的砖头就是一个个被细化了的小目标，没有它们，作为终极目标的大房子就不可能被建造起来。

俞敏洪的父亲是个木匠，在家乡一带小有名气，所以在村子里，只要有人家盖房子，一般都会请他的父亲去帮忙。

俞敏洪从小就发现父亲有一个奇怪的爱好，喜欢捡拾碎砖头。因为他父亲常帮别人建房子，每次建完房子，他都会把别人丢弃不要的碎砖乱瓦捡回来，或一块两块，或三块五块。有时候在路上走，看见路边有砖头或石块，他也会捡起来带回家。

这样久而久之，俞敏洪家的院子里就多出了一个乱七八糟的砖头碎瓦堆。在俞敏洪看来，这无异于一个累赘，没有用处的砖头碎瓦堆在家里，只会让原本不大的院子显得更加狭小和凌乱。

然而，等砖头碎瓦堆积到一定的高度后，俞敏洪的父亲开始在院子一角的空地上测量、开沟挖地基、和泥砌墙，用那堆碎砖左拼右凑，一间有模有样的小房子便拔地而起。房子建好后，父亲把养在露天到处乱跑的猪和羊赶进小房子，再把院子打扫干净，干净漂亮的房子和院子构成了一个和谐的整体。俞敏洪的家就有了全村人都羡慕的院子和猪舍。

父亲做的这件事给俞敏洪留下了深刻的印象，在当时小小年纪的他看来，父亲就像一个魔术师，竟然把一堆无用的碎砖瓦变成了一间美丽的房子。他觉得父亲很了不起，这件事也深深影响了俞敏洪之后做人做事的态度，无论是在上大学的日子里，还是在新东方的创业历程中，这种精神力量一直激励着俞敏洪，也成为他做事的指导思想。

俞敏洪认为："从一块砖头到一堆砖头，最后变成一间小房子，我的父亲向我阐释了做成一件事情的全部奥秘。一块砖没有什么用，一堆砖也没有什么用，如果你心中没有一个造房子的目标，那么拥有天下所有的砖头也是一堆废物。如果只有造房子的想法，而没有砖头，目标也没法实现。当时我家穷得几乎连吃饭都成问题，自然没有钱去买砖，但我的父亲没有放弃，日复一日捡砖头碎瓦，终于有一天有了足够的砖头来造心中的房子。"

因此，俞敏洪在做事之前，一般都会问自己两个问题："一是做这件事情的目标是什么？因为盲目做事情就像捡了一堆砖头而不知道该干什么一样，只会浪费自己的生命；二是需要多少努力，才能够把这件事情做成？也就是需要捡多少砖头才能把房子造好，之后就要有足够的耐心，因为砖头不是一天就能捡够的。"

做任何事都要先明确自己的目标。正如俞敏洪所说："把所有的小目标加起来就是一个大目标，就像搬砖头一样。你搬一辈子的小砖头，就永远办不了大事，但是你有一个目标，要造房子，你就能成功。"

庄子说："水之积也不厚，则其负大舟也无力。"意思是说：如果积水不够深，那么船就不能在上面行驶。由此可见，任何成功都是由无数个小成功积累而来的。管理企业同样如此，企业领导者只有沉下心来，脚踏实地做好每一件小事，企业才会有持续发展的可能。

第四章 拖延心理的伤害：它会成为压垮你内心的稻草

人生的大部分恐惧，都由拖延导致

强有力的行动是治愈恐惧的良方，而犹豫、拖延将不断地滋养恐惧。在《少有人走的路》中，派克说："人大部分的恐惧都与拖延有关，我们常常会害怕改变，其实都是因为自己太懒了，懒得去适应新的环境，懒得去学习新的知识，涉足新的领域，但如果总是这样的话，如何能让自己成熟起来呢？"可见，拖延是恐惧产生的重要原因之一。

我曾经在一本书中看到一段话，这段话生动地讲述了拖延症的状态："这就像一个跳得很高的跳高运动员。你训练了几个月，在身体和精神上已经调整好了自己，一遍又一遍地尝试跳过横杆并打破纪录。然后，当你终于下决心开始跳时，新的担忧和恐惧马上袭来：如果我跳得比之前高了，别人会怎么做？他们会不会把横杆升高……当诸如此类的担忧越来越多时，拖延自然成为必要的第一选择。从拖延到恐惧，再到痛苦，一直恶性循环。"

想要克服这种恐惧、害怕和担忧，我们要做的就是在行动之前必须充分地酝酿，一旦下定决心，就应该果断地行动，你越是积极地行动，就越能够驱散内心的恐惧。

我有个同学，大学毕业后就在我们当地结了婚。有了孩子后，她就成为了一个全职的家庭主妇。这样枯燥的人生让她很恐惧，她想着：难道我一辈子就这样了吗？她不甘心，想开一家书店。但当她把想法告诉了家人后，没有人愿意支持她，都想不明白为什么她有了孩子不照顾，要出去做这样一个生意。她的丈夫也问她到底在犯什么病，但我这个同学坚定地和她的丈夫说："我承认，我想开书店是带有自己的理想和情怀的。但我也并非只为了满足自己的一个愿望和糟蹋钱。我在决定要开书店之后，做了十分详细的考虑和分析，也对市场做足了调研，有了详细的运营策略。现在虽然还没有开始，但我已经对这家书店做了最好和最坏的打算。如果书店好起来，能增加城市人口的阅读量，我觉得我做了有意义的事，不管对这个城市，还是对我们这个家庭；如果书店经营不善，亏本了。我现在也有了预算，亏多少都在我的控制范围内。所以，一旦我做好了所有的准备，我就会第一时间让书店运营起来。"

我这位同学的行为才是不拖延的表现，她能做到这一点的很重要的原因就是，她不害怕改变，她能面对失败。事实上，能够审视和接受某些行为带来的改变，都是对付拖延的最好的办法。

但凡在某个领域获得了重大成就的人都是货真价实的行动派。他们从不屈从于惰性，无论做什么事情都雷厉风行。比如，高产作家威尔斯成功的秘诀就是有了灵感立即记下来，绝不让自己思想的火花稍纵即逝，即便到了深夜，只要大脑在电光石火的一瞬涌现出了灵感，他也不会因为想要睡觉而把诉诸笔端的工作拖到第二天，他会马上打开电灯，拿起放在床头的笔记录灵感，然后才肯就寝。

伟大人物会因为及时行动而获益，普通人也会因为及时实践自己小小的想法而获得意想不到的收获。

保险业务员曼利·史威兹有两大爱好——钓鱼和打猎，他喜欢带着钓竿和猎枪走进森林深处，有时他会在森林里待上好几天，尽管又脏又累，可是他感到无比快活。钓鱼和打猎占用了他很多时间，每次离开宿营的湖边，即将投身到保险业务工作时，他都感到无限眷恋——在大自然中自由畅游的感觉是多么美好啊，他真不愿意抽身出来。

突然，他的脑海里闪现出一个想法：在荒野里宿营和打猎的人也需要买保险。他清楚有不少人喜欢在森林中探险，那是一个庞大的潜在市场，如果他能把握机会，完全可以边狩猎边工作。阿拉斯加公司的员工、居住在铁路沿线的猎人和矿工都能成为他未来的客户。

曼利·史威兹说做就做。制定好计划后，他不愿耽搁一点时间，立即启程前往阿拉斯加，沿着铁路步行，广泛接触沿线居民，人们送给他“步行的曼利”的称号。

曼利·史威兹深受那些潜在客户的欢迎。他经常到他们家里做客，与其建立了友好的关系。

一年以后，他签下了大量的保单，销售业绩一路猛涨，获得了不菲的收入。与此同时，他还能继续在森林里钓鱼和打猎，工作、生活两不误，过上了人人羡慕的美好生活。

无论我们追求什么，总是要付出成本的。计划再完美，如果迟迟不去行动，只会颗粒无收。与其临渊羡鱼，不如退而结网，不要羡慕别人，也不要将希望寄托于虚无缥缈的明天。从今天起，从此刻起，只要下定了决心，就马上去行动，别让拖延成为滋生恐惧心理的温床。

拖延会卸掉勤奋的马达，让你永远到不了巅峰

发明家爱迪生说："天才，就是1%的灵感加上99%的汗水。"无论你拥有怎样的天资，唯有勤奋才能让你收获成功。勤奋就是坚持不懈地努力，而所有的赞誉和掌声只是这种努力后所得到的成果。所以，当我们羡慕别人能够享受高品质的生活时，当我们为这个世界的不公而心生抱怨时，不如扪心自问：你是否是一个懒惰的人，是否做什么事情都一天拖一天，你真的足够勤奋了吗？

拖延是一个很神奇的东西，它能够卸掉你身上一切积极的配件。当你想开足马力，勇往直前时，拖延会告诉你：这么多事情，今天怎么能做完，明天再做吧，从明天开始也不晚。一旦你听从拖延的建议，你将会发现，你离勤奋越来越远，离成功更加遥不可及。

当被问及成功的主要原因时，比尔·盖茨回答说："工作勤奋，我对自己要求很苛刻。"无独有偶，NBA的传奇巨星科比在谈及自己成功的秘诀时也曾说道："我知道每天凌晨四点时洛杉矶的样子。"

天道酬勤，一个人的成功总是缘于他的勤奋。一分耕耘，才能有一分收获，在通往成功的道路上，无不浸染着勤奋拼搏的血

汗与泪水。我们只有奋发图强、坚持不懈、永不气馁，才能成功地实现自己的人生价值，才能得到幸福且激扬愉悦的人生。

在这里，我想讲一个我自己的故事。我从小就被人说聪明，但我也知道，我有一个毛病——懒惰。我总是把作业和复习留到最后一刻，然后熬夜赶完。我觉得自己有足够的能力应付任何考试，所以不需要提前准备。我的成绩虽然不错，但也不是最好的。我总是觉得自己有潜力，只是没有发挥出来。

有一天，我遇到了李老师，李老师对我说："你知道吗，你的问题不是智力，而是态度。你太自满了，你以为你什么都会，什么都不用努力。你错了，你只是在浪费你的才华。你应该勤奋学习，绝不拖延，这样你才能真正实现你的梦想。"

我被李老师的话触动了，开始反思自己的行为。我意识到自己一直在逃避责任，用拖延来掩盖自己的不自信和恐惧。我决定改变自己，从那天起，我每天按时起床，按计划完成作业和复习，不再熬夜和玩游戏。我发现自己的学习效率和兴趣都提高了，我的成绩也越来越好。直到现在我都特别感谢李老师，是他给了我一个新的方向，他也为我的进步感到骄傲。

我讲这个自己的故事，是想说明，勤奋是成功的关键，绝不拖延是勤奋的保证。无论我们有多么聪明或有天赋，如果我们不付出努力，就无法达到我们的目标。拖延不仅会影响我们的学习和工作，还会影响我们的心理和身体健康。我们应该克服拖延的习惯，培养勤奋的品质，这样我们才能真正成为优秀的人。

每一位成功者的成长历程，所堆积的乃是超越常人的辛勤地付出。人生想达到一定高度，就必须不断攀登，哪怕疲惫不堪，哪怕伤痕累累，也要一步步向上爬，唯有如此才能登上人生的顶峰。所以，机遇和荣誉总是垂青勤奋者，我们要有一颗充满激情的进取心，以自己的理想为目标，发奋图强，矢志不移，我们就能到达成功的彼岸。

斯蒂芬·金是世界著名的恐怖小说作家，他的成长经历十分坎坷，最潦倒时连电话费都交不起。但凭着自己的努力，他终于成为享誉全球的文学大师。谈起他成功的秘诀，只有两个字：勤奋。

每天天亮时，他就会伏在打字机前，开始一天的写作。一年365天，他几乎都是在文学创作中度过的。他允许自己休息的时间只有三天：生日、圣诞节和独立日。

勤奋给他带来了永不枯竭的灵感。其他作家在没有灵感时就会去做别的事，让自己的心情得到放松。但他在没有什么可写的情况下，仍然坚持每天写五千字，以此来保持创作的状态。

有人说，阳光每天的第一个吻肯定先落在勤奋者的脸颊上。而斯蒂芬·金无疑就是这个幸运的人。

人生路遥，步履维艰。只要我们远离拖延，以勤奋为准则，以不断进取为动力，永远不停下向前的脚步，永远不放弃自己的理想，即便生活中充满了荆棘与坎坷，我们也一定能拥抱成功的希望与辉煌。

德国政治家威廉·李卜克内西说：“才能的火花，常常在勤奋的磨石上迸发。”勤奋是走向成功的唯一途径，没有勤奋，天才也会变成傻瓜。世界上从来没有不劳而获的美好，拖延从来不会带给人成功。我们只有通过勤劳的付出，才能获得丰硕的成果。

当你沮丧失望时，拖延也将随之来临

在生活中，我们经常会感到莫名的沮丧和烦闷。特别是在经历一些不顺心的事情以后，低落的情绪会让我们看什么都不顺眼，一点精神都提不起来。上班总是走神，和家人相处总不耐烦，就算自己最喜欢的书也完全看不下去。有时触景生情，心中就会非常的伤感和失落。想象一下，当我们处于这样的沮丧情绪时，还有心情工作或者做一些原本打算做的事情吗？肯定不会。这时，伴随着沮丧来临的就是拖延，我们会把事情一拖再拖，想着心情好一点时再做。但如果你总是心情沮丧呢？

沮丧的情绪对个人的生活会造成很大的负面影响。前些年，曾经出演《成长的烦恼》中的伯纳的演员安德鲁竟然离奇失踪。据知情人士透露，他在失踪以前，因为一些事情而情绪十分低落和沮丧。一个在荧屏上曾经给无数人带来欢乐的演员，竟然也因为糟糕的情绪做出了让人如此不解的事，沮丧的破坏力可见一斑。

生活中，难免会遇到糟糕情绪的困扰，失望的事情发生时，每个人都会感到沮丧。但是，每个人在应对这种情绪时的反应不尽相同。同样是因为误会遭到领导批评，有的人回家就给家人脸色看或是把孩子臭骂一顿，而有的人则是打一场篮球出出汗，或是在家什么都不想，痛痛快快地喝上几杯，让负面情绪得以释放；同样是找不到合适的工作，有的人整天唉声叹气，颓废绝望，感叹着世道的不公，而有的人能从自身找问题，努力从各个方面提升自己的能力和价值，并愿意把自己的教训和经验积极地去和身边的人分享，让大家感受到更多正能量。

所以，一个人感到沮丧并不可怕，关键是我们不能任凭沮丧情绪在生活里蔓延。

因为晚婚，我的朋友陈磊的妻子怀孕时已经37岁。无论是他自己，还是双方父母，做梦都希望这个孩子能平安降生。可天不遂人愿，他的妻子流产了。

沉重的打击让陈磊万念俱灰。他不责怪妻子，内心却怎么也高兴不起来。他每天阴沉着脸，回到家也不爱说话；头发已经很长了，也不愿意去修剪，一脸颓废的样子，还时不时唉声叹气。以前休息时，他总爱和朋友去打台球，如今他只是关上灯坐在沙发上一个劲地抽烟。

陈磊的情绪影响到了妻子：由于心情的压抑，妻子刚刚做过流产手术，身体又出了问题。医生说，如果恢复得好，一般9个月以后就可以重新怀孕。可按照现在的情况，他们至少要等到三年以后。

在动荡不安的环境中，沮丧的情绪可能会一直困扰着我们。之所以有的人能够苦中作乐，有的人却亲手毁掉了自己的生活，就是因为他们看待负面情绪的方式不同。

如果把眼前的困境看作末日，那么生活就注定充满凄凉。但如果告诉自己咬咬牙就过去了，日子总要开心地过，那么再不幸的事也不会影响到你的心情。孩子没了，至少你还有相濡以沫的妻子，还有需要照顾的父母，还有一个完整而温暖的家庭，为了这些，你就应该重新打起精神，一味地沮丧又能解决什么问题呢？

在日本，有一对奶农夫妇，虽然上了年纪，却依然像年轻时一样相爱。后来，妻子因为严重的糖尿病并发症而失明，本来开心的她从此变得悲观起来，每天把自己关在家里，在沮丧和黑暗中生活着。

丈夫是一个非常乐观的人。他不忍心看妻子在绝望中痛苦挣扎，决定用自己的方式让她重新快乐起来。于是，他在自家门前建了一个花园，里面种满各种花卉。

虽然妻子无法看到花园里姹紫嫣红的花朵，但扑鼻的芳香最终让她走出了房门。她听丈夫描述各种鲜花的美丽形态，感受着自己被花海所围绕时的甜蜜与幸福。从那之后，妻子每天都会到花园里逛一逛，她的脸上也终于露出了久违的笑容。

一个人摆脱沮丧的情绪并不是什么难事，只要善于去发现身边的美好，只要愿意为别人去创造美好，我们的生命就不会被沮丧占据，随处可见的都一定是快乐和幸福。

英国物理学家威廉·吉尔伯特说："我们不要沮丧，每一片云彩都会有银边在闪光。"我们应该成为自己生活的主宰者，悲观沮丧并不可怕，只要勇敢面对、及时调整，就能走出困境。相反，如果任由沮丧的情绪在生活里蔓延而不加制止，那么情况只会越来越糟。

拖延在潜意识中告诉你，你永远不行

我们都知道，自信是对自己的高度肯定，是成功的基石，是一种发自内心的强烈信念。相反，如果一个人总是自卑，认为自己这不行那不行，那么，久而久之，他便真的不行了。事实上，自卑也是人们产生拖延行为的一个重要原因。

在拖延者的心中，经常会有这样一些声音："这件事我肯定做不了。""我不想被嘲笑。""太难了，我无力应对。"这些负面的评价让人们消极并且懈怠手头上的工作，因为在他们的潜意识中，想要最大限度地逃避失败的打击，就只有拖延时间。其实，我们不难想象，任何一个自卑的人都不可能取得工作上的成就，因为他们总是在自我设限，认为自己在规定时间内做不到，他们不敢挑战更大的目标，更不敢参与人际竞争，对于别人的成功，他们也只会自怨自艾，一旦出现挫折，他们很难走出来。相反，一旦一个人有了自信后，就会积极向上，会比别人更有执行力，更有耐挫力，当他们遇到问题时，也更有勇气面对，而正是这种力量指引着他们不断走向成功。可见，破除拖延习惯的第一步，就是破除自我怀疑。

有一个女孩叫玛丽，她从小就很自卑，总是觉得自己长得不够漂亮，不会被别人喜欢。她每天走路都低着头，生怕被别人看到自己“丑陋”的脸。

有一次，她在一家商店发现了一只非常漂亮的蝴蝶结，于是毫不犹豫地买了下来，并戴在头上。店主夸赞她戴上蝴蝶结以后简直像变了一个人，比平时还要漂亮许多。玛丽的内心却充满了怀疑：一个蝴蝶结能带来这么大的改变吗？她虽然不怎么相信，但为了不让钱白花，就强迫自己抬起了头，急切地想让其他人也看看她是否真的变漂亮了。

由于走得太急，玛丽出门时和一个路人撞在一起。她忘记了说一声“对不起”，便一溜烟地向学校跑去。

玛丽刚一进校门便迎面遇到了老师，老师看到她十分惊讶：“玛丽，你今天真美，特别是你抬起头来的时候。”老师的赞美让她自信了许多，当她走进教室时，马上成为同学们关注的焦点。在大家的眼中，抬起头的玛丽似乎变成了另外一个人，因此，她得到了更多赞美。

玛丽以为，自己之所以能得到这些赞美，一定是蝴蝶结的功劳。可当她走到镜前的时候才惊讶地发现，她头上根本没有蝴蝶结，一定是在她撞到行人时把蝴蝶结弄丢了。

如今，玛丽已经成为美国 HBO（Home Box Office）电视网著名的节目主持人。

如此看来，很多时候并不见得我们有那么糟糕，也未必就比别人差，之所以自卑，是因为没有准确客观地评价自己。一旦被自卑先入为主，我们便不能冷静地分析自己所面临的苦难，不能理智地评判自己的得失，更不能清晰客观地理解别人对自己的期望和评价。

把自己看得一无是处，往往就会失去对生活的信心，对自己本来可以做好的那些事情也会草率地放弃。很多不该发生的悲剧都是我们自己造就的。如果你都看不起自己，又能指望谁会看重你；如果你都相信自己注定会失败，又能指望谁来拯救你？

我有个发小，叫李晓军。我们一起上小学，但他在初中毕业后就没有继续读书，而是回家帮忙种地，地里不忙时，他就出去打工。就种菜而言，他的确是一把好手。但是他有一些自卑，总是觉得自己不如别人，也不善于和别人沟通，所以种出来的蔬菜总是没有好的销路。

有一次，他到一座高档写字楼办事，但他要找的人恰好没在，其他人让他坐下等一等。他觉得自己身上都是土，怕把人家的桌椅弄脏，更何况自己穿的是旧牛仔裤和球鞋，与那些穿衬衣西裤的办公人员比起来格格不入。与其让别人嫌弃，不如自己识趣一点，于是他拒绝了别人的好意，在大楼外的一个长椅上坐了下来。

写字楼餐厅的经理此时恰好经过，看到坐在长椅上的李晓军，他是李晓军的初中同学，便邀请李晓军到餐厅去吃午饭。

用餐期间，餐厅经理在和李晓军聊天时无意间提到，如今每天给餐厅送来的蔬菜质量越来越差，前几天还有人吃坏了肚子，所以他们打算换一家承包商。既然李晓军种地是一把好手，便想让他来试一试。李晓军虽然不太情愿，可盛情之下难以拒绝，只好应承下来。

李晓军硬着头皮给餐厅送了几次菜，竟得到了一致好评。不仅他送的蔬菜质量一流，而且他为人也诚实守信——每天不管刮风下雨，他送菜的小货车总能准时抵达餐厅门口。

几年下来，李晓军靠着自己的勤劳和诚信，不仅扩大了农场规模，还成了当地小有名气的蔬菜供应商。

我的发小李晓军的经历告诉我们，不要总觉得自己低人一等，即使你不够美丽、不够富有、不够聪慧，也一定有强过其他人的地方。

要善于发现自己的长处，肯定自己的优势，提高对自己的评价。别人不是十全十美，你也不会一无是处。即使你有缺点或不足，也没必要不好意思，立志发奋努力去改变它，“知耻而后勇”不仅不丢人，反而更值得别人的尊重。

美国酒店大亨唐拉德·希尔顿说：“许多人一事无成，就是因为他们低估了自己的能力，妄自菲薄，以至于缩小了自己的成就。”我们没必要感到自卑，即使和他人比起来我们在某些方面有着些许的不足，我们依然可以想方设法地去克服，可以充分地去发挥我们自身特有的优势，又哪里有时间去为那些不足自怜自艾呢？

不要等着工作找你，学会主动去找工作

不需要任何人的提醒或者催促，都能够很好地完成自己的工作。这就是那些成功人士能够绩效高、优秀的最根本原因。所以说，你永远不要将“要我做”当作自己工作的前提，高绩效最喜爱“我要做”的那类人，并乐意为其效劳。你必须像具有专业精神的人那样，主动地将工作从“要我做”变为“我要做”。无论这份工作是多么的无趣，“我要做”的主动精神都会让你得到老板的认可，从而取得非凡的业绩。

“积极主动”往往会让人误解为喜爱强出头、富有侵略性或无视他人的反应。一个积极主动的人往往在问题出现时就能做出积极的反应，找出问题并结合实际情况解决问题，最终取得一个好的结果。

大英帝国奴役印度人民遭到了许多印度议员的反对，为了让人民能够早日脱离殖民统治，他们准备用暴力解决问题。但是“圣雄甘地”没有加入其中，他认为靠暴力是解决不了任何问题的，这样做反而对人民没有益处，最好的方法就是“非暴力不合作”，抵制英货，最终才能取得胜利。

从表面上看那些议员似乎非常积极，但是他们没有抓住问题的本质，只有“圣雄甘地”充分了解事情的本质，然后再对症下药，只有这样才能够取得最终的胜利。

“积极主动”往往贯穿于专业精神比较高的人的整个工作当中，正是因为他们有着这种专业精神，他们的能力也在一天天加强，工作业绩也在不断提高。思想上的积极主动主要体现在以下几个方面：

其一，主动去熟悉你的工作，因为这是你将工作做好的前提条件。还可以熟悉一下公司的其他事务，例如：销售方式、经营方针、工作作风、使命、组织结构、目标……这可以让你在今后的工作中采取的行动更准确，效果更出色。

其二，不要等“工作找你”，而是要主动“去找工作”。如果你习惯了等待工作，那么从思想上你就缺乏了积极性，这样会使你的工作效率低下。甚至有的时候你只会做你自己喜欢做的事情，就不会积极主动地做事情，就会想方设法拖延、敷衍了事。事实表明，“等待命令”是对自己潜能的“画地为牢”，从一开始就注定了平庸的结局。

其三，工作的时候尽量将自己的工作做好，没有工作的时候也不要让自己闲下来，主动为自己找点事情，只有这样你才能更好地完善自己，提高自己的工作能力。一个优秀的人在做完自己的工作时总会静下来好好想想是否还有不足的地方，有什么项目需要加上去，以使自己的工作能力得到扩大和充实。是否所有的目标都已达成？还需要向别人学习什么？只有这样自己的能力才会进一步得到提高。

许多著名的大公司认为，一个真正优秀的工作者光能坚持自己的想法或项目，并主动完成它，往往是不够的，还需要主动承担自己工作以外的责任，主动做分外的事。

比尔是一家酒店的员工，老板布置的任务他总是很快就完成了，所以他一直自我感觉很好。有一天，老板让他将客户的购物款记录下来，比尔做完之后就和旁边的同事闲聊了起来，这时老板走了过来，看了一下周围，然后又看了比尔一眼。老板什么也没有说，整理完那批已经订出的货物，然后又把柜台和购物车清理干净。

这件事深深震撼了比尔，他突然发现一直以来自己是这样的愚不可及：即使老板没要求我做一些事情，我都应该主动地再多做一些，因为一个人不仅要做好本职工作，还应该做自己本职工作之外的事情。从此他比以前更加努力了，由此他学到了更多的东西，工作能力突飞猛进，最终比尔成了公司的副总。

也许你的老板或同事的某种处理事务的方式效率不高，而他本人并未察觉或不知如何改进。这时候如果你有更好的意见或者建议，你就应该主动地提出来，这样不但可以赢得他人的赏识，还会更有利于你与同事的合作，提高工作效率，进而推动整个组织绩效的提高。要想做到这点首先你必须主动去学习和了解公司业务运作的经济原理，公司的业务模式是什么？怎样做才能让公司获取最大的利益？主动关注整个市场动态，分析竞争对手的错误症结，避免思维的固化，从而提高你的工作能力。

积极主动是远离拖延症最有效的方式，这种积极主动不仅局限于一件事情上面，你需要做的就是将它变成一种思维方式和行为习惯。只有每时每刻表现出你的主动性，才能获得机会的眷顾，最终走向成功。

拖延改变你的时间观，让你认为永远都有明天

一场电影如果你迟到了5分钟，那么你将会错过一个十分精彩的开场；寒冷的冬天你睡在温暖的被窝里迟迟不想起床的时候，那些成功人士正坐在电脑旁兢兢业业地工作；你已经安排好今天的行程，而朋友打电话来邀你逛街喝咖啡，你明知今日事今日做，最后抵不过诱惑想着明天再做也不迟。你拖延越久，就会被时间落下越久。当你拖延的时候，时间并不会因为你而停下它忙碌的脚步。“明日复明日，明日何其多”，人的一生中又能够有多少个明日呢？所以，在时间面前千万要守时，它可不会耐着性子等你。

你有没有过这样的经历，当你面对一个重要的任务或者项目时，你总是找各种理由推迟开始，直到最后一刻才匆忙地完成，或者干脆放弃？这就是拖延症，一种很多人都有的心理现象。拖延症不仅会影响你的工作效率和质量，还会改变你对时间的感知和认识。

我曾经就是一个拖延症患者，每次有作业或者报告要交的时候，我总是觉得还有很多时间，不用着急。我会先做一些无关紧

要的事情，比如刷手机、看电视、玩游戏等等，然后告诉自己，只要再玩一会儿就好了，然后就可以专心地做任务了。可是，这样的“一会儿”往往变成了几个小时甚至几天，当我意识到时间不够了的时候，我已经陷入了恐慌和焦虑。我不得不加班加点地赶工，或者干脆找借口推脱。这样的结果往往是，我交出了一份不合格的作品，或者根本没有交出来。我也失去了老师、同事、朋友和家人的信任和尊重。

我开始意识到我的拖延症是一个严重的问题，它不仅影响了我的学习和工作，还影响了我的生活和健康。我发现自己对时间的感觉很模糊，我总是低估任务所需的时间，高估自己的能力和效率。我也忽略了时间的价值和意义，总是觉得时间是无限的，可以随意浪费。我没有一个清晰的目标和计划，没有一个合理的安排和分配，没有一个正确的时间观。

我决定改变自己的拖延习惯，重新建立一个健康的时间观。我开始阅读一些关于时间管理和克服拖延的书籍和文章，学习一些有效的方法和技巧。我也开始实践一些简单而有效的策略，比如：

· 设定一个明确而具体的目标，并分解成小步骤。

·制定一个合理而可行的计划，并设定一个明确而紧迫的期限。

· 优先处理最重要而最困难的任务，并体会完成后的成就感。

· 限制自己做无关紧要事情的时间，并提醒自己做任务的重要性和紧迫性。

· 寻求他人的帮助和支持，并向他们汇报自己的进度和结果。

通过这些方法，我逐渐克服了我的拖延症，提高了我的工作效率和质量。我也改变了我的时间观，我开始珍惜每一分每一秒，并充分利用它们。我开始有了一个清晰而有意义的目标，并为之努力奋斗。我开始有了一个合理而有序的安排，并按照它执行。

我开始有了一个正确而积极的时间观。

在英国的一所学校里，学生们正在操场上活动，有的打篮球，有的踢足球，有的在跑步，各种各样的体育运动都在如火如荼地进行着。可是，有一个叫莱西的小女孩坐在离操场很远的一棵树底下，专心致志地读书。

打听后才知道，莱西以前很贪玩，学习成绩一直不好，老师说她的智商太低，永远不会有出息。同学们说她是一个笨小孩，就连她最要好的朋友杰米也同她绝交，不再与她来往。回到家里，更让她失望的是，父母都认为她读书根本没用，不但不进行辅导，母亲还让她帮忙做家务，更可恶的是，她的父亲每天都对她骂骂咧咧："如果你的学习成绩在3个月后还不提高，我就把你介绍到一家纺织厂去做工。"

在同学的冷眼、父亲的谩骂之下，莱西终于醒悟了，她没有想到一个学习成绩不好的孩子在他人眼里会是这样的。她下定决心，一定要尽力把落下的功课补上来。

于是她一改往常的习惯，不再贪玩。一天，母亲出去买菜，让她看好院里晾晒的衣服，可她正被一道数学题弄得分不开神，一时间忘记了母亲的嘱咐，等母亲买菜回来，衣服早已被邻居家的一只小花狗给叼跑了。为此，母亲狠狠地打了她。

晚上，同学们都早入睡了，她还趴在床上学习。就这样，莱西没日没夜地学习，虽然她熬得眼圈发黑，身体渐渐消瘦，但是她的学习成绩在原来的基础上提高了一大截。到期末考试时，她以全校第一的好成绩，赢来了同学们的笑脸和父母的夸奖。

莱西的故事告诉我们：时间能送给你宝贵的礼物，它能使你变得更聪明、更美好、更成熟。不怕时间不等人，就怕你不知怎样去利用时间。

利用时间要坚持不懈、持之以恒，你不能因一时的成功就把时间丢在一边，不去重视它。要让时间时时刻刻留在你的心中，这样你才能成为一个真正的高效能人士。

其实对于时间的流逝我们每个人都会有不同的感受，而每个人对待时间的态度也大不相同。忙碌的人会埋怨时间过得太快，而无聊的人则会觉得时间过得太慢，以至于找不到什么事情打发这无聊的时间。这正是每个人的“主观时间”，它是我们在钟表之外的时间经验。

如何将我们的主观时间与具有不可动摇性的钟表时间完美地结合在一起，这是现如今我们面临的重大课题。一个时间观念比较严格的人，往往比较偏重客观时间。而拖延者常常沉溺于主观时间从而丢掉客观时间，久而久之，他也就不愿意回到客观时间，最终手上的工作将会越积越多，拖得时间越长就越来不及完成。而目前我们需要做的就是把自己的主观时间与时钟的客观时间结合在一起，只有这样我们才能在沉溺于某件事情时明白什么时候应该抽身离开，而不会在妥协中失去诚信。

大多数的拖延者都会面临这样的问题：即使自己的主观时间与客观时间产生冲突的时候，也不愿意两者之间有太大的差异。即使现在已经是下午了，但是在他们看来离下班的时间还有好几个小时，不必急急忙忙地赶工作。久而久之，这种拖延变成了习惯，当一件事情来临的时候他们往往会怀有侥幸心理，单纯地认为不到最后一刻就还有机会完成。所以在事情还没有完成之前，他们丝毫不会为时钟的转动而感到着急。这时，时钟对于他们来说只不过是一个摆设。

我们每个人对时间都有独特的理解，都有一套属于自己的时间观念。时间观念不同，导致的行为习惯也大不相同，这样一来就很容易产生矛盾。妻子可能会这样质问她的丈夫："为什么每次看球赛的时候总是非常准时，但是和我看电影的时候就总是迟到？"她的丈夫也许会这样回答她："电影在没有开始之前你就到了，而我到的时候电影刚好开始，我这怎么算是迟到呢？"这就是因每个人的时间观念不同而引发的矛盾。

时间观念不同的人很容易在时间问题上发生冲突。例如，朋友一起商量明天爬山出发的时间，有的人觉得需要提前半小时动身，以免在路上遇到堵车；而有的人就会认为还是晚一点比较好，可以避开上班高峰期。于是一场关于何时爬山的讨论就开始了，有的人可能会为此事争得面红耳赤，这正是每个人对待时间的体验各不相同的表现。

让性子非常急的人接受拖延者的时间观念肯定是一件非常困难的事情，因为这两类人的主观时间相差太大。而我们需要做的就是让两者的距离缩小，相互能够理解彼此在时间观念上的不同，并以此达成某种妥协，尽量让两个主观时间走在同一个时间点上。

津巴多是美国著名的心理学家、社会学家，他对人们感知时间的差异性做了全面的研究，得出以下结论：大多数人对于时间的感知都是通过过去、现在和未来不同坐标来定位的。但是如果有人太偏重于用某一个时间坐标来感知时间，那么他的世界观必然会受到局限。一个人如果可以在三种不同的时间坐标参照中保持平衡，那么这样的人也自然会充分地享受生活，从而适应社会发展的步伐。

所以，我们不能只站在一个时间的参照点上理解时间，要知道从不同视角透过玻璃看水面上的一个点都会呈现出不同的效果。我们要做的就是将眼睛放在水面、杯子两点连成的一条平面直线上观察目标。对于时间也是如此，我们要想正确把握时间，就要抛开拖延，也不要急于追赶时间，而是要参照过去、现在和未来，正确地定位时间，这样才能把握好时间，不做时间的拖延者。

人生中的大好时光，总是在无休止的拖延中错过

很多人总是习惯于做事向后拖延一步。他们总会找到很多借口、很多理由，或是因为外界环境太恶劣，或是因为自身准备不充分，或是还没等到行动的大好时机，总而言之，就是要继续心安理得地享受着平静和安逸。可是，安逸久了会让人产生惰性，即便真的准备好了、条件成熟了、时机来临了，他们依旧不愿意采取行动，依旧享受着安逸之后的又一个安逸。直到失败的结果降临的那一天，他们才真正体会到因拖延而带来的悔恨。

有一条关于人生失败的教训不能不为我们所铭记：总是心动的时候多，行动的时候少。你想成为一名健身达人，却总是告诉自己等天气好一点再开始锻炼；你想考取注册会计师的资格证书，却总是告诉自己等明年复习得充分一点再报名考试；你想创业开一家自己的店，却总是告诉自己等心情好一点、头脑清楚一点再开始自己的计划；你想给父母和家人更多的呵护和关爱，却总是告诉自己等钱挣得足够多再去考虑让他们过上更好的生活。

人生中很多大好的时光和机遇，就在这样无休止的等待中被错过。天上不会自己掉馅饼，世间的很多成就不是要等到万事俱备以后才有采取行动的理由，如果真是那样，为理想而拼搏也就

没什么特别的意义了。做事之前计划周全能够减少出错的概率，但这不能成为一个人畏首畏尾、瞻前顾后的借口，如果不能果断采取行动，再完美的计划和目标也永远都是空想和纸上谈兵。

在美国南北战争时期，西点军校的高才生麦克莱伦将军被誉为“小拿破仑”。可他在与南方军交战中迟迟无法取得实质性突破，这让他一时间成为笑柄。

他总是抱怨装备不够精良，抱怨没有足够的时间训练士兵，总向总统提出各种各样的要求和条件。可当拥有了这一切时，他依旧以准备不充分为理由拒绝向敌方发起进攻，或是过分谨慎不肯追击敌人而错过了许多取胜机会。

在一次非常关键的战役中，他因为犹豫不决、举棋不定，在军队人数是对方两倍的情况下，错过了歼灭敌军的机会，使战争不得不多持续了三年，因此而造成的不必要的人员伤亡和财产损失不计其数。总统最终对他失去了耐心，解除了他的军职。

有人这样评价麦克莱伦：“有一种超越任何人想象的惰性，只有阿基米德的杠杆才能撬动这个巨大的静止。”

拖延会导致战争失败，也会让我们的人生一无所获。很多人总是抱怨自己情绪不好、状态不佳、时运不济，总想把今天该努力的事拖到明天再说。明日复明日，明日何其多。时间对我们每一个人来说都是有限的，我们拖延越多的时间，就会浪费越多宝贵的机会。更何况，成功本就不是唾手可得的，真等到一切都准备好了，别人或许早就先行一步，哪里还轮得上你。

很多人虽然有着雄心壮志，但到头来一事无成，就是因为他们一直在拖延，将所有好的时光都消耗殆尽。那些真正能取得成功的人，往往都深刻地懂得行动胜于一切的道理。

香港首富李嘉诚一直是一位日理万机的精明商人。可是，他的办公桌非常整洁，陈设也非常简单，桌面上甚至连一页纸都没有。这是因为他始终秉持着“今日事今日毕”的做事原则。

不仅如此，他还把这个原则作为管理企业员工的信条。在他看来，人要是有了拖延的恶习，进取心就会随之减少。在通往成功道的路上，拖延每一秒钟都是最大的错过。

无独有偶，美孚公司是世界500强之一，公司高层的办公室里都挂着一个写有“绝不拖延”字样的白板。“绝不拖延”是这家公司的行为准则。在他们看来，避免拖延的唯一方法就是即时行动，因为没人会为你的拖延承担后果和损失，每一名员工都不能拖延哪怕半秒钟时间。

人有时就要有豁出去的精神，不管未来结果怎样，都要倾尽全力把眼前的事情做好。也许在取得成功之前，我们不得不放弃舒适安逸的生活，要进行很多枯燥乏味的努力，甚至忍受很多挫折和坎坷带来的煎熬，但这也正是人生奋斗的意义所在。正如卡耐基说的那样：“没成功之前要做与成功有关的事情，成功之后才可以做自己喜欢的事！”

美国著名政治家本杰明·富兰克林说：“千万不要把今天能做的事留到明天。”拖延，往往源自对失败的恐惧。但如果你已经确定了你的目标，就把这种恐惧暂时丢弃，全身心地放手一搏。等待和逃避不会迎来成功的眷顾，赶快行动、绝不拖延才是你明智的选择。

第五章

拖延心理的病根：想把你塑造成“拖拉斯基”

做事犹豫不决，拖延就战胜了你

生活中，我们经常要面临两难的抉择，尤其是在现今这个信息多而乱的社会中，做出正确的抉择更不是一件易事，这就需要我们有出色的判断能力。然而，一些人因为害怕做出错误的决策而左右迟疑、当断不断、不愿实施，为自己带来了很多困扰。

俗话说：鱼和熊掌，二者不可兼得。要想有一番成就，在机会来临的时候就必须要抓住，有舍有取，果断做出选择，然后再积极地行动。

找工作的时候，摆在你面前的是一家很好的公司，福利待遇好、发展的空间也比较大，这时你或许会犹豫，想着会不会还有比这家更好的公司呢？犹豫半天，最后机会被别人抢去了；当你在和客户谈合作案的时候，或许客户提出的条件比较严苛，所以你犹豫不决，迟迟不肯签合同，到最后被别的公司捷足先登，拉走了订单；当你逛商场的时候，看到一件漂亮的衣服，大小也正合适，但是觉得价格太贵，犹豫不决，想再去别家看看，等再回到这家店的时候衣服却被别人买走了；当你面对升职加薪的机会时，因为担心别人比自己强，迟迟不肯毛遂自荐，结果被别人抢占了先机……

这些机会明明就摆在你面前，而你明知道那是机会，就是犹豫着迟迟不肯做出决定，到最后只能眼睁睁地看着机会被别人抢走。

我的朋友陈晓蛮和我讲了她如何晋升为部门副主管的故事，我觉得很有启发。

有一天，陈晓蛮的经理坐在办公桌旁忙了一天，眼看自己一个人实在完不成这么多的工作，他来到了陈晓蛮所在的部门问：“谁能帮我做一张进销存报表？”

陈晓蛮毫不犹豫地对他说：“我来做吧！”

看到陈晓蛮主动应承，在场的其他几个员工出于礼貌也对经理说：“我也来帮你吧。”

经理说：“谢谢你们，但我只要一个帮手就够了。”

过了两个月之后，因为公司人事调动，陈晓蛮幸运地被提拔为部门副主管。

现实就是如此，有能力往往是不够的，还需要在机会来临时把握好机会并将能力充分地发挥出来，只有这样才能够得到老板的器重，而那些在机会面前犹犹豫豫的人，最终会被淘汰出局。

在机会面前，当我们没有足够的能力去胜任一件工作的时候，或许我们不会因为失去它而难过和后悔。但是，如果我们有这个能力，明知道那是个展示自我的好时机，因自己的犹豫不决而错失了，这时我们将会非常的懊恼。因此，当机会来临时，就要舍弃那些不必要的想法，迅速地采取行动。

一天我和同学吃饭时，她讲了一个朋友的事，我觉得有必要在这里说一下。

她的朋友叫张志鹏。张志鹏毕业后，误打误撞进了一家手机公司，从事市场拓展的工作。可能是年少轻狂，也可能是充满信心，张志鹏对这份工作表现出了极大的热情。这天，上司让他去一个地方开发市场，那里十分偏僻，上司曾经把这个任务派给过3个人，但都被他们推脱掉了，因为他们一致认为那个地方根本不会有市场，即便去了也是徒劳。但张志鹏则不这么想，他认为，如果自己能开辟出这片市场，那么，即使自己还是个新人，在公司也能站稳脚跟，给领导留下个好印象。于是，他出发了。

令同事们感到惊讶的是，三个月后，疲惫的张志鹏回到了公司，他带回了好消息：那里潜在的市场很大。

其实，张志鹏在出发前，也认定公司的产品在那个偏僻的地方没有销路。基于服从意识，他还是毅然前往，并用尽全力去开拓市场，最终取得了成功，现在也成了公司在一个省的负责人。

张志鹏的这种决断力是我们必须学习的。无论什么时候，都应该主动、积极地去完成领导交给你的任务，这是执行的第一步。任何一个领导都不会喜欢做事犹豫不决、迟迟不动手、问长问短的下属。

所以，做事不拖延、不犹豫是每一位成功人士必备的最基本的素质。

作为苹果技术团队的主管，李开复认识到自己的团队存在严重的问题，并且已经到了积重难返的地步。是继续为维护面子自我蒙蔽，还是观望整顿？经过一番思考，李开复果断地做出了决定——解散团队，并重新建立团队。

在他的带领下，新团队顺利地完成了研发任务，最后公司对他这种果敢的行为大加赞赏。

后来，李开复认识到自己的思想和意见不能在作为行业翘楚的微软尽情地自由表达时，他没有丝毫的犹豫，毅然跳槽到了谷歌，这使得他的影响力逐渐扩大。再到后来，他开创了自己的公司，在业内外取得了非凡的成就和响亮的名声。

处事果断方可让损失减小到最少。李开复果断解散团队，结束了团队劳而无功却要公司支付大笔开支的状况，为公司减少了损失。而他自己去留的果断，也让自己的事业生涯迈向另一个辉煌。

犹豫不决是事业的绊脚石，因为它，我们遇到机会时就会举棋不定，从而错失良机；不拖延的果断行为，却能让我们牢牢地抓住机遇，创造出更辉煌的成就。有的人认为果断往往会变成武断，但是事实并非如此，果断是用最短的时间衡量做一件事的利弊。假如事情这样做是利大于弊，那么即使冒一些风险也是值得的。

人生的道路上，我们每时每刻都在做出选择，而许多机会都是转瞬即逝的。哪怕做出错误的选择也好过犹犹豫豫。如果犹豫不决，很可能会失去很多成功的机遇，机会一旦错过了，是不会再有的。放眼古今中外，能成大事者都是当机立断之人，他们是世界的主宰，当机会来临时他们就会快速地做出决定，并迅速地加以执行。

成功的人能把握更多的机会，他们往往比别人更敢于冒险，做事情比别人果断、比别人迅速。如果一个人总是犹豫不决、优柔寡断，一旦有了变故就很容易改变自己之前的决定，这样的人是成不了大事的，只能羡慕别人的成功，在后悔中度过一生！

一个有朝气的年轻人，怎能活成颓废的“老人”

初入职场的年轻人身上往往有一股逼人的朝气，他们不管干什么事都很有干劲，然而在一些职场老人看来，这些朝气不过是三分钟热度。“等你在职场混久了，你就不会这么有激情了。”职场“老人”这样告诫年轻人。而等到年轻人逐渐变成了职场“老人”，他们大多数人也发现，这些“老人”说的话真的很对。

的确，很多人早已从一个脚踏实地的大学生慢慢变得精明，而又从精明开始慢慢学会了拖延，逐渐向颓废过度。

很多人常常说“岁月是把杀猪刀”。有时候，我的大学同学陈孝成也会这样感慨几句。陈孝成大学毕业后就投身广告业，现在的他作为公司设计这一块的负责人，对自己这十几年的变化感慨颇多。

当年，陈孝成刚毕业就找到了一份心仪的工作。当时的他自然是无比意气风发，他相信自己能够在公司里大展拳脚。进入公司，当看到自己亲手做的设计方案一一被领导采用的时候，陈孝成内心充满了激动和骄傲。此后的一段时间里无论陈孝成接到什么样的工作，他都会在第一时间内去完成，即便影响休息娱乐也在所不惜。然而现在，一切都不一样了，刚毕业时的那股朝气早已不见了，现在，即便是最紧迫的项目，他也是能往后拖就往后拖。

陈孝成常想，自己刚到公司时的那股朝气去哪儿了呢？一次我们大学同学聚会，陈孝成对我发了一通牢骚："我现在的事业可以说是一帆风顺，但是总感觉不到以前咱们在学校时候的那种感觉了。你说咱们上大学的时候，是多么意气风发，圣诞节的时候，摆个地摊，卖个苹果，虽然卖的还没吃的多，但是那时候的感觉特别好。"

"是啊，现在咱们的工作状态和刚参加工作的状态差别实在是太大了。"他的话引起了很多同学的共鸣，大家纷纷附和着，感慨着自己思想的转变。

"刚开始的时候，总想着用自己的激情去改变整个世界，没想到工作几年，自己就被这个世界给改变了。"

"现在我对待工作就是着急的就做做，不着急的能拖就拖，反正在最后一定会找到解决办法的，慢慢地人也变得越来越颓废了。"

其实，像陈孝成这样的感触我们很多人都有。随着年龄的增长，无论是对生活还是工作，我们都逐渐失去了激情，没有了继续拼搏的动力。做事的时候拖拖拉拉，思考问题的时候懒懒散散，这样的状态长期持续下去，人就变得越来越颓废。

面对这样的状况，有的时候我们会感觉很难过，看看自己的懒散，再看看刚刚进入公司的年轻人的朝气，更是感觉自己已经跟不上时代了。因此，我们不禁要问，以前那么阳光、那么有朝气的自己到哪儿去了？

是啊，人的朝气去哪里了呢？答案就是被拖延给磨光了。少年时、青年时，我们面对的是紧张的学业，是师长的督促，是同代人的竞争，在这种情况下，每个人争分夺秒，一刻钟当成两刻钟来用。但是毕业之后走入社会，我们需要自己来掌控自己的人生，安排自己的工作，生活中没有明显的竞争，人的紧迫感也就慢慢消失了，拖延开始变成生活中的常态，于是朝气就这样一点一点地丧失了。

紧迫感的丧失来自拖延，而拖延久了就染上了拖延症，一个得了拖延症的人对于生活的态度便成了能拖一刻是一刻，只求这一刻无事轻松，哪管下一刻十万火急。然而，下一刻终于还是会到来的，就在这不断的十万火急当中，人生开始一次次地失败，而因为失败，便更加懒散，对待生活更加拖延，拖延和懒散形成了一个恶性循环，而这个恶性循环的最终结果就是内心彻底崩溃，整个人陷入一种颓废的状态当中。

颓废是一种怎样的状态呢？就是对所有的事情都感觉浑浑噩噩，没有自己想要参与新生事物的兴趣，总是认为“有什么事也不用着急”，对于自己的工作，总是拖到最后一刻才慢悠悠地去做，没有丝毫自控的能力，当然也不会采取任何的措施来进行自控。

处在颓废中的上班族往往会被同事笑称患上了“更年期综合征”，而处于颓废中的人生，则是一个彻头彻尾没有意义的人生。在这样的人生当中，逃避困难、不肯面对挑战、被动地安于现状成了生活的主题，放弃、逃避成了生活的选择。这样的生活，难道是我们想要的吗？

没有人会希望自己的人生毫无意义，谁也不想成为坐吃等死混日子的蛀虫，你只有摆脱了拖延症，才能够结束这一切，重新迎来朝气蓬勃的人生。

别妄想从拖延中获得快感，任何事都没有捷径

在工作中，我们常常听到一些领导鼓励下属：“有压力，才会有动力。”诚然，在某些压力下，人们能挖掘出自身的潜力，但如果你是一名拖延者，你绝不能以此作为拖延的理由。你可能会以为，将工作拖至最后，在剩下几个小时的时间内加班能聚精会神，效率非常高，你认为这是一件非常刺激的事，但你最后完成的工作成果真的能让你感到满意吗？更何况你真的能在规定时间内完成吗？万一出现突发状况怎么办？

美国特拉华州大学的心理学家在研究人们产生拖延的心理原因时，提出了一个名词——寻求刺激，他们认为一些人会享受拖延带来的劣质快感，这些人喜欢在高压下做事，每当他们肾上腺素上升的时候，他们就会感觉十分刺激，那事实又是如何呢？其实这些人根本不可能很好地完成任务。

其实，很多时候，人们真正享受的并不是集中精神工作的快感，而是在剩余不多时间内的焦虑感，他们并没有把自身内在的潜力逼出来，通常只是会草草结束手上的工作。

事实上，无论是谁，如果不改掉拖延的毛病，都必须承受一定的代价。所以，为何不立即动手、踏踏实实地工作呢？相信那

时你享受的才是充实的快乐。

我的一个哥哥自己成立了一家公司，虽然是小公司，但是因为工作多，所以每天都很忙，想找点时间度假也非常困难，感觉他的事情就从来没有干完过。有一次，他和我聊天，说起了他的苦恼。因为我不是生意人，也不知如何帮助他，但我感觉他的时间处理和规划肯定有问题，而让他抽出大把时间去看时间管理相关的书籍也不现实，毕竟他很忙。于是，我建议他可以看看奥格·曼迪诺的《世界上最伟大的推销员》，虽然只有十小节，内容少，但按照它里面的步骤做，也许会让他的时间变得宽裕些。

没想到，两个月后，我再见到这位哥哥的时候，他告诉我，虽然现在公司的事情还是很多，但他已经能一条条排列规划地做事情，再也不会像以前那样瞎忙了。

他说："我现在不再加班工作了，每周忙碌7天的日子一去不复返，也不用把工作带回家做了。我可以在更少的时间内完成更多的工作，现在每天少用一个小时就能完成和过去同样的工作。"

"对我有极大帮助的一点是'现在就办'的概念。我会每天制定工作计划，根据各种事情的重要性安排工作顺序。

"我有意识地尽力克服工作上的拖拉现象。先去完成最重要的一件事，再去进行第二件。而我以前则是把重要的事情放到最后，想着有空再去做。到了最后关头，不仅把自己搞得很焦虑，而且还需要加班加点去完成。而现在，我把主要事情都放在一开始先做完，次要的放在最后做。最后哪怕做不完，因为不太重要，我也不会担忧。"

我这位哥哥的时间管理方案是有效的，根据他的说法，他节省时间的方法就是立即处理，拒绝拖延。

人本来就不是完美的，每个人都会有很多缺点。成功者之所以会成功，就是因为他们能够克服自己的缺点，而平庸者则反之。由于拖延而造成不良后果的事件很多，你是不是常有这样的经历：某天，你因为拖延必须加班，你认为自己的策划案充满创意，第二天，你将做好的以为完美的工作交上去，谁知道却被领导一顿痛批，于是，你只好重新来过；周一早上，你很晚才起来，于是，你急匆匆吃完早饭，拿起公文包就往公司赶，到了公司才发现，原来一份重要的文件落在了家里；身为学生的你，每周末总是到晚上才开始写周一要交的作业，结果因为时间不够只好抄袭其他人的，你的学习成绩因此总是不能提高……在这些反反复复的过程中，你失去的是什么？是宝贵的时间！

我们再来做个假设，每天早上，我们早起一个小时，安排好一天的工作和生活，吃个早饭，锻炼好身体，精神抖擞地去上班，你会发现，你精力充沛，即便平时看起来难做的工作，好像也变得轻松了许多。认真工作的结果就是，你不仅节省了时间，还能得到上级和同事的信任。与匆匆忙忙、一团糟的生活相比，你更倾向于哪种？

拖延的毛病容易给人带来麻烦，它不但影响你的学习成绩、升学考试、就业升职，还有可能给人们的生活带来不幸，浪费时间就是耗费生命，同一件事，拖延者所花费的时间远比立即行动者多得多。拖延从表面上看似乎不是什么大毛病，但若不及时纠正，它可能直接影响到我们的一生。

一位父亲告诫他的孩子说：“无论你以后做什么样的工作，都要做到勤奋努力、全力以赴。要是你能做到这一点，你就不必担忧自己没有好前途。你看这世界上，到处都是散漫、粗心的人，做事善始善终的人是供不应求、深受欢迎的，只有认认真真做事的人才是未来竞争中的成功者。”

这位父亲的话是有道理的，一个人的成功并不在于他在做什么，而在于他有没有做到最好、做到位。成功者之所以成功，就是因为他们具备比别人起得早、睡得晚的品质。因此，我们在学习、生活和工作中应该以更高的标准要求自己，比别人先着手，就会赢得更多的时间。

所以，任何一个企图从拖延中获得快感的人都要认清一点：做任何事都没有捷径！学习一下那些本本分分工作的人吧，不迟到、不早退、不拖延，上班了立即动手做事，下班了踏踏实实享受快乐，这样的态度，虽然看起来并不刺激，却能抓住踏踏实实、稳重的幸福，长此以往，你的能力也会获得质的提升。

20 世纪 80 年代，有这样一个工人，他是初中学历，他的上司总是对他说：“这件事情要这样做。”无论上司说什么，他都不反驳，总是一一记在笔记本中，认真查看。他的话也不多，每天不是在做领导布置的工作，就是埋头做自己的事情。他在工厂中一直默默无闻地付出，没有一点牢骚。虽然不起眼，但是兢兢业业，认真刻苦。

20 年后，当时那位领导回到工厂与他又一次见面。当年那个默默无闻的工人已经当上了事业部的部长。令领导惊奇的不是他当上了部长，而是他的谈吐颇具人格魅力。

这位工人看上去毫不起眼，只是认认真真、孜孜不倦、持续努力地工作。但正是这种坚持，使他从平凡变得非凡，这就是坚持的力量，是踏实认真、不骄不躁、不懈努力的结果。

谁也预料不到明天，不要总想着失败后的结果

在生活中，相信每个人都有自己的梦想或目标，也就是一个指引人们行动的方向，然而，最终能达到自己目标的人是少数，大部分人还是庸庸碌碌一生。究其原因，是很大一部分人缺乏立即执行的精神。他们会在行动前就产生焦虑：万一失败了怎么办？这样永远都不会开始，只会与目标渐行渐远。所有的成功者都必定有着果断的执行力。可能一直以来，你都认为自己是个勇敢的人，一旦到了真正可以表现自己勇气的时候，却左右迟疑、不敢付诸实践。其实，这不是真的勇敢。因为勇敢不是停留在言语上，而是要放手去做。

同样，在现实工作中，一些人因为害怕承担失败带来的后果而迟迟不敢着手做手头上的事，他们宁愿承认自己不够努力，也不愿意承认自己能力不足，他们会为自己寻找各种借口拖延，到最后，就能名正言顺地不必承担失败的责任。

2007 年，美国卡尔加里大学的教授发现，人们拖延行为的产生与害怕失败有一定的关联，一些人因为害怕失败而立即行动起来，但一些人因此选择逃避和拖延。

更为有趣的是，一些心理学家还对那些因为害怕失败而产生

拖延行为的人做了心理评估，经过评估，心理学家发现他们有几点共性：否定自己、相信宿命、习惯无助。很明显，这些都是消极的心理症状，被这些负面情绪缠绕，怎会有快乐可言？虽然，立即实行的后果可能是失败，但拖延也是失败，为何不放手一搏呢？最重要的是，很多时候，事情并没有我们想象的那么糟糕，甚至只是我们杞人忧天而已。

曾看到这样一个故事：

在美国，有个刚毕业的年轻人，在一次州内的征兵选拔中，他因为体能好、表现优异被选中了，在外人看来，这是一件好事，但他并不高兴。

为了庆祝孙子被选上，他的爷爷从美国的另一个州来看他，看到孙子心情不好，便开导他说："我的乖孙子，我知道你担心，其实真没什么可担心的，你到了陆战队，会遇到两种可能，要么是留在内勤部门；要么是被分配到外勤部门。如果是内勤部门，那么，你就完全不用担忧了。"

年轻人接过爷爷的话说："那要是我被分配到外勤部门呢？"

爷爷说："同样，如果被分配到外勤部门，你也会遇到两个选择，要么是继续留在美国，要么是被分配到国外的军事基地。如果你被分配在美国本土，那没什么好担心的。"

年轻人继续问："要是到了国外的基地呢？"

爷爷说："那也有两种可能。一种是被分配到和平的国家；另一种是被分配到战乱的国家。若是被分配到和平的国家，那也是值得庆祝的事情啊！"

年轻人又问："爷爷，那我要是被分配到战乱的国家呢？"

爷爷说："那同样会有两种可能，一种是留在总部；另一种是被派到前线作战。要是留在总部，那也无需担心啊！”

年轻人问：“那要是被分配到了前线呢？”

爷爷说：“还是有两种可能，一种是安全归来；另一种是不幸负伤。若是你能安全归来，你还担心什么呢？”

年轻人问：“那倘若我受伤了呢？”

爷爷说：“那也有两种可能，要么是轻伤，要么是身受重伤、危及生命。如果只是受了一点轻伤，而对生命构不成威胁的话，你又何必担心呢？”

年轻人又问：“可万一要是身受重伤呢？”

爷爷说：“即使身受重伤，也会有两种可能性，要么是有活下来的机会，要么是无药可救了。如果尚能保全性命，还担心什么呢？”

年轻人再问：“那要是救治无效呢？”

爷爷听后哈哈大笑着说：“人都死了，还有什么可担心的呢？”

这位爷爷说的“人都死了，还有什么可担心的呢？”是对人生的一种大彻大悟。有时候，我们对某件事很担心，但只要转念一想，最好的状况莫过于……以这样的心态面对，其实就没有什么可担心的了。

尼采说：“世间之恶的3/4，皆出自恐惧。是恐惧让你对过去经历过的事苦恼，然后惧怕未来即将发生的事。”的确，我们只要做到不念过往、不畏将来，就能变得勇敢。

很多时候，消除恐惧的方法只是做个痛快的决定，只要想做，并坚信自己能成功，那么你就能做成。在做事的过程中，一些人总是担心失败后的情形，因此产生了不必要的焦虑和拖延行为，但实际上，我们谁都没必要去预料明天，我们要做的就是把握当下。

有一种拖延症，来源于对成功的恐惧

前面，我们已经分析过，一些人因为害怕失败而迟迟不动手，这情有可原，但心理学专家在分析拖延的心理因素时发现，一些人会因为害怕成功而拖延，也许你会认为，这太荒谬了，简直是开玩笑。事实上，这种情形确实存在。很多人在潜意识中，对成功有着恐惧，也正是因为这种恐惧的存在，让他们不敢行动，最终与成功擦肩而过，只不过，人们对成功产生恐惧的理由因人而异。

我有个大学同学叫王灿灿，她毕业以后进入了一家策划公司工作，一待就是八年，现在可以说是一名资深员工，她能力出众、待人温和，几乎所有的同事和领导都喜欢她。在最近的人事变动中，领导决定让她担任策划总监，从一名策划升到策划总监，这确实是值得庆贺的事情。有一个周末，我请她到家里吃饭，为她庆祝。

“恭喜你啊，王总监。”我故意调侃她道。

“有什么开心的，愁死我了。”王灿灿叹了口气。

“升职了，应该高兴，别人盼还盼不来的呢，有什么可愁的？”

我很纳闷。

“说实话，我根本就不想升职，不想加薪，就现在这样当个策划，我都觉得压力大，有做不完的事情，要是再当个总监，我还要做更多的事，承受更大的压力，我恐怕一点自己的空间都没了，再说，万一做不好呢，原本公司就有个跟我实力相当的人一直觊觎这个职位，我应付不来这个工作的话，他们更有理由找茬了。另外，我本来就是个不喜欢与人争抢的人，我也应付不了每天对下属指点来指点去的工作，一旦成了总监，我想大概每天也都会有人在议论我，就连我穿了什么衣服、剪什么发型，估计都会成为大家的谈资，始终被人盯着的滋味实在不好受。”

听完王灿灿的话，我点了点头，确实是这么个道理，然后我接着问：“那你准备怎么做？任职命令可是已经下达了的呀！”

“能怎么办？躲着呗！能拖就拖，接下来几天我都不会去公司，请几天假，就说自己不舒服，公司这几天正是缺人手的时候，我关键时刻掉链子，高层肯定觉得我不能担当大任，自然会找人代替我。”

王灿灿的一番话让我沉思了半天，的确，人们都只是看到别人身前的荣耀，却没有看到他们身后的牺牲和压力。不过，因为害怕成功所以讨厌升职，真的正确吗？这当然不正确！一个人对自己缺之自信、害怕成功，只会导致停滞不前，只会把自己禁锢在牢笼中。其实，很多时候，你所恐惧的成功后的事情并不一定会发生，即便发生，也远没有你想象中的可怕。

现在，你不妨将你在成功后的好处和坏处都列出来，就会发现，你的担心简直无聊至极。

身处职场，我们发现有这样两种人，一些人总是抱怨自己怀才不遇，一遇到可以表现自己的机会，就急不可耐地站出来，最后却给领导留下一个爱表现的坏印象；也有一些人，他们能力突出却害怕成功，即便机遇已经摆在面前，依然选择拖延和逃避，他们宁愿每天得过且过、混日子，不但迷失了个人奋斗目标，而且对公司的影响也是负面的，因为他们总是不断被周围的新人赶上甚至超越。很明显，这两种工作态度都是不对的。那么，我们该怎样做呢？

其实，无论是身处职场还是做其他事，任何时候，都不能停止进步。要知道，随着知识、技能折旧的越来越快，不断学习、不断更新知识已经成为人们保鲜的一个重要方法，是否能适应激烈的竞争环境并不断完善自己，也已经成为一个职场人能否担当大任的重要考核因素。因此，我们只有努力充实自己、敢于向成功挑战，才会真正进步。

我在一本杂志上还看到过一个故事：

小周是某大型企业的一名员工。高考失利后，他失去了读大学的机会，18 岁的他进入了现在的这家企业。因为学历的原因，他只能从事最简单的产品装配工作，但他不甘心，于是，利用业余时间，他自学了很多与该产品有关的知识，并自学了一些其他课程。

转眼，小周已经工作五年了。这家企业每五年会举办一个大型的青年知识大奖赛，参加比赛的人多半是一些高学历的人，但小周还是报名了。他的参赛作品是关于公司生产部门的机器流程改造图。公司高层一见到这幅图就惊呆了，一个生产流水线上的工人怎么可能会设计出如此让人惊叹的图呢？于是，他们找来小周，就图纸进行了一番讨论，他的解释说明，让在座的领导瞠目结舌。“我看你的简历，你只不过是个高中毕业生啊，怎么会……”

“是这样的……”

听完小周的叙述，众领导一致表示：“单位的员工要是都有你这样的学习精神，该有多好。”

很快，小周就收到通知，他被升为技术主管，负责他所提出的这一项目的改造工程。

从这则职场故事中，我们见证了一个普通员工的升迁过程。员工小周之所以会被领导赏识，在众人中脱颖而出，就在于他不断学习、不断完善自己的知识结构，充实了原本知识不足的自己。

总之，我们都应该相信自己有处理各种难题的能力，也相信自己能成功，现在，就勇敢地迈出第一步吧。

不知道如何利用时间，如何告别拖延症

许多人忙来忙去，最终只是瞎忙，他们只知道抱怨自己命运不好，没有一个好家庭、好工作，甚至感到生活真累。可惜他们不知道怎样利用时间，怎样安排和设计时间，这又如何能够告别拖延症呢?

“唉！工作又没完成”“唉哟！我怎么又忘了健身”“我真后悔，一辈子竟一事无成”，日常生活中我们总能听到这些人的叹息声。真想对他们说：为什么不事先安排好自己的时间呢?

我一个朋友讲过一个故事，故事的主角是他在一个公司当副总的朋友。这个副总叫陈志飞，他在公司很久了，一步步爬到了副总的位置。但他依然有着散漫、对时间没概念的坏习惯。有一天，当陈志飞走进办公室看到桌子上一摞摞报表时，感到非常头疼，但迫于工作，只好静下心来，翻看每一张，当看到一半的时候，秘书走进了他的办公室说：“副总，一位客商要求见您一面。”他不在意地说：“让他先在客厅等一会儿，我马上就过去。”

当他用大约一杯茶的工夫翻阅完这些报表走进客厅时，看到那位客商正迫不及待地在客厅里徘徊。于是他满脸堆笑地对客商说：“对不起！我工作太忙，让您久等了。”

客商听到他这句话后，说："如果你实在没有时间，不如我们改天再谈吧！"于是那位客商走出了客厅。

眼看着快到手的肥肉，怎么会一下子就失去了呢？陈志飞一时感到迷茫。

第二天，董事长找陈志飞谈话说："公司决定撤你的职，并决定辞退你。因为你不适合本公司的业务要求。"

陈志飞急着说："怎么回事？我为了公司可没少卖命，怎么你的一句话就把一个高级职员给辞了呢？"

董事长见他仍然执迷不悟，气急败坏地吼道："你这笨蛋，你把我价值1000万的生意给搅黄了，你知道吗？"

陈志飞终于明白了，原来是自己的一句话惹恼了昨天的客商。他想起了初来这家公司的时候，在公司的"员工须知"专栏里有这样一段话：时间至关重要，凡是本公司员工一律遵守时间，任何人不能因故迟到或早退；要按时完成任务；要做好时间安排，哪怕是最小的细节也必须在日程安排中列出来并付诸实施。

陈志飞并不是很忙，而是没有安排好自己的时间，不仅被上司给辞退了，还给自己带来了痛苦和烦恼。由此可见，会合理安排时间是多么重要。

人们总觉得被戴在手腕上的那个小玩意控制自己没什么必要，便可以浪费时间，更准确地说就是混时间，到头来生活平平、一事无成。甚至对时间恨得要命，烦得要命。有些人则很会设计自己的时间，他们守时、准时和省时。他们会先设计自己的时间计划，然后再行动，这样就不容易浪费时间了，从而尽快地提高工作效率。

戒掉拖延症：
拖延症患者自救手册

小明是一名大学生，他的专业是计算机科学。他对编程很感兴趣，也很有天赋。他的老师给他布置了一个期末项目，要求他用 Python 编写一个简单的游戏。小明很高兴，觉得这是一个很有趣的挑战。他决定做出一个精彩的作品，给老师和同学们一个惊喜。

然而，小明并没有立刻开始动手。他觉得这个项目并不难，自己有足够的时间和能力完成。他想先放松一下，玩玩游戏，看看电影，逛逛社交媒体。他告诉自己，等到心情好了再开始写代码。可是，时间一天天过去了，小明却没有任何进展。他开始感到焦虑和内疚，但又不愿意面对自己的拖延问题。他找了各种借口来安慰自己：还有两周呢，不着急；我只需要几天就能搞定；我要等到灵感来了才能写出好代码；我今天有点累，明天再说吧。

就这样，小明一直拖到了最后一天才开始写。他发现自己低估了项目的难度和工作量，他需要做很多的设计、编码、测试和调试。他焦头烂额地工作了一整夜，但还是没有完成所有的功能和需求。他只好匆匆忙忙地提交了一个不完善的版本，心里充满了遗憾和后悔。

读完这个故事，你是否觉得安排时间非常重要？所以，不管你多忙，赶快安排自己的时间吧！你可以随心所欲地浪费时间，也可以不去安排时间，但你无法不面对故事中那些不重视设计时间所带来的严重后果。

要想告别拖延症、提升执行力，如果不安排时间，只是盲目地去追求自己的目标，你最终会走到拖延的沼泽地，你终身难以走出令人望而生畏的没有前途的窘境。

拖延症患者，往往是自我安慰的高手

拖延行为产生的原因有很多种，也有可能是众多原因一起作用的结果。一些人会对自己的拖延行为感到自责，并希望下一次能及时着手工作，但一些人似乎本身就不对工作结果抱有良好的愿望，在他们看来，只需要做一做就可以了，正是因为抱着这样的心态，他们不断地拖延工作。

我们都希望自己的工作能力被肯定，这是证明自身价值的一种方式，同事的认同、上级的赞扬或者升职、加薪，都是我们所在意的地方。然而，一旦我们因为拖延工作而失去这些的时候，我们便会在内心安慰自己：我根本不在意这些，我又没指望自己出类拔萃，其实这只是自我疗伤，越是自我麻痹，我们越是会拖延行动。

在这里，我讲讲我的两个发小的故事，他们两个有着同样的问题，很具有代表性。

一个发小叫小贝，她在一个公司的行政部门担任文员，这是个“清水衙门”，平时也没什么大事，不过倒是和其他部门之间联系比较紧密，因为很多事都要经过行政部的批准。然而，在公司甚至部门内部，很多人都不知道有小贝这个人的存在，因为她太普通了，普通的长相、普通的学历、普通的职位，其实这不是最主要的原因，问题出在小贝自身，她自己从来不争取什么，无论做什么，她总是慢悠悠的。

有一次，我们俩吃饭，我问道："你不是说最近工作很多吗，完成得怎么样了？"她回答说："马马虎虎吧，周末前应该能完成。"

"你没想过更好更快地完成工作，然后获得上级嘉许吗？"我问道。

"我没想过这一点，一般般就好了，我觉得没必要表现得那么优秀。"

我另一个发小也是个行动"迟缓"的职员。他是一名程序员，在IT部门，也是个几乎快被大家遗忘的人。

其实，从上学时代开始，我这个发小就是个成绩不好也不坏的学生，按部就班地上大学，按部就班地进入这家公司工作。因为他最害怕的是得罪别人，所以他从来不去争第一。

他热爱篮球运动，也很擅长打篮球，一次，公司部门之间要组织一场篮球赛，大家知道他有这一爱好，便让他也报名，虽然他推脱了半天，但是盛情难却，便答应了。后来，他听说，他的部门主管也会参加，他心想，万一主管所在的队输了，岂不是为自己树敌了。比赛这天早上，他为这事儿思索半天，最终他还是找个借口称自己不能去了。后来，我问他为何不参加，他说："我不想得罪人，反正我也没想比谁优秀。"

这个发小在工作中也是这样的人。每次上交工作任务，他总是比其他同事慢半拍，只要能拖的，他一定拖，所以，公司的嘉奖名单中从来没有他，在公司三年了，他也一直未升职，更别说加薪了。我问他："你就没想过好好表现吗？"他的回答却是："我不需要那么优秀。”

从我这两个发小的身上，可以看出他们两个都是拖延症患者，他们拖延的原因也都是因为他们不在意，不需要那么优秀，一个发小认为“一般就好”，另一个发小则不希望“枪打出头鸟”“不想得罪人”。但无论如何，我们都能看出他们的消极心态。

如果你也是这样的人，那么，不妨问一下自己，你真的不在乎吗？还是因为已经拖延了而不在意后果呢？真正的原因在后者。这种消极的心态一旦占据我们的内心，就不仅仅是工作拖延这一问题了，我们还会变得行动迟缓、精力不足、缺乏动力、食欲不振，甚至可能情绪忧郁，严重的还会产生心理疾病。反过来，如果努力破除拖延的习惯，凡事立即行动，也会改变我们的生活和工作状态，让我们周身充满活力。

当然，一些人可能会认为“枪打出头鸟”，那些在职场太进取的人，通常会成为别人嫉恨和打击的对象，聪明的处事方式是比别人慢一点，这也是保护自我的方式。的确，职场切忌锋芒毕露，但这并不是鼓励我们做事拖延。毕竟，“做事”与“做人”不同，领导和上级欣赏那些会为人处世者，但他们也不希望员工行为拖沓、耽误工作。所以真正聪明的职场人总是奉行低调做人、高调做事的行为准则，他们从不放弃的一点便是努力学习、充实自我。

我认识一个女孩，叫韩蕾蕾。她是北京的一家软件公司的职员，和销售部其他女职员不一样，她从来不和那些女孩子一起叽叽喳喳，也不经常去逛街、买衣服，闲暇时间，她都会买一些书来看，因此，在进公司的两年时间里，她除了掌握销售本事，还对软件技术方面有了一定的了解。渐渐地，技术部门的一些工作她也能接受，这让公司的其他同事都对她刮目相看。

老总迈克把这一切都看在眼里，公司有一个派送出色员工前往德国总部进修的名额，老总毫不犹豫地把这个名额给了韩蕾蕾。公司很多人对韩蕾蕾受到如此青睐嫉妒不已。大家都知道：销售部经理不久前移民海外，这次学习回来，她无疑就会坐上销售部经理这个“肥缺”。对此，韩蕾蕾当然也心知肚明。面对公司销售部很多老员工的埋怨，迈克开了一个会，他在会上是这么说的：“软件技术，无论是技术还是销售，都要不断地进步，没有进步，就没有市场，韩蕾蕾进公司的这段时间里，她的进步是大家有目共睹的，我之所以把这个机会给韩蕾蕾，是想鼓励大家，在公司，都是用实力说话的。”听完后，公司的那些员工都不再抱怨了。

韩蕾蕾之所以能“鲤鱼跳龙门”，被上司直接提拔，并不是能言善辩，会拍上司马屁，而是她能不断地学习、充实自己。毕竟，现代企业最排斥的就是工作效率低下的人。

总之，我们可以看出，很多拖延者心里的“我不需要那么优秀”只是一种自我安慰，或是为了不想让自己那么辛苦而找的借口，这样，一旦他们行动拖延，就不必自责，正是这样一种消极心理，导致了他们长期的拖延行为。为此，我们在工作过程中，有必要消除这一心理，努力调整自我。

下篇

告别拖延症，提升执行力

第六章

对战拖延心理的计策：先消灭懒惰这个“兄弟”

你的懒惰，让所有人都弃你远去

生活中充满了数不清的随意性，更为重要的是，没有人会替你管理你的生命。在学校时可能有老师管，让你交作业；参加工作了，可能有领导管，会检查你的考勤与工作进展。那么自己的日常生活与前程的重大安排呢？从决策、执行到监督落实，就得全靠你自己了。

人都有懒惰的一面，人的性格中就有惰性的成分。生活中常见一些惰性很强的人，能明天完成的事情绝不在今天结束；能让别人做的事情，绝不亲自动手；可以以后再说的事情，现在绝不多做考虑……殊不知，勤奋是取得成功的最基础的要素之一。而这里的“勤奋”主要就是指克服自己的惰性。

孟然大学毕业已经半年多了，可是一直没有找到工作。说是找不到，其实她也没有认真去找，因为她根本就不着急工作，家里经济条件好，所以谈不上有什么就业压力。看着自己的同学一个个或忙于工作，或忙于找工作，孟然却乐得每天在家里睡到日上三竿。爸爸、妈妈不止一次地劝导她：“你都二十四岁了，怎么还是这么不知道勤奋呢？家里不缺让你好好生活的钱，可是你总得有自己的事业啊！就这样放任自己的惰性，也不着急自己的前途，将来我们都老了你要怎么生活呢？”对此，孟然总是“嘿嘿”一笑，说：“我知道啦，可是工作也要慢慢找嘛！再过几天我就去找，好吧？”对于自己这个懒惰又任性的女儿，爸爸、妈妈也没有办法。就这样一直拖了半年，爸爸终于坐不住了，他和孟然商量了一下，决定给孟然开一家小服装店，但是前提是，他只管出钱，其余的事情都要孟然自己张罗。结果，商铺找到了，可孟然依旧每天睡觉睡到自然醒，工商、税务、货源，她什么都不着急办，能拖一天就拖一天，一点都没有做生意的勤奋劲儿。后来还是爸爸看不下去，帮她把一切打理好了。现在，孟然的服装店被她经营得一塌糊涂。这也难怪，谁见过一个懒惰的老板能做好生意呢？

我们很难相信上面案例里的孟然能够把自己的服装店经营好，也有理由相信，如果她依然这样不思进取、不知勤奋，那么她的未来和人生就注定会庸庸碌碌、一事无成。

一个勤奋的人终能做成他要做的事情，这是不变的真理。懒惰是失败之源，懒惰的人只知享受、玩耍和寻乐，只想等运气，结果注定碌碌无为。历来懒惰就是成功的绊脚石。不聪明的人，如果肯努力，同样能做出伟大的事来。我们看看历史上有多少著名人物，他们的成功，都离不了“勤”字。聪明的人，如果不勤奋努力，也会庸碌一生。龟兔赛跑的故事不是只给小孩子看的，成年人也应该从中吸取教训。许多懒惰的人在态度上就有问题，他们吝于在工作或职业上使出全力，觉得如果尽力而为却不能成功，就会很丢脸面。他们的理由是：既然未曾尽力，那么失败了也可以振振有词，不愁找不到借口。面对失败，他们时常耸耸肩膀说：“这件事并不难，我根本没放在眼里。”许多失败者都是这个样子。更重要的是，当你变得懒惰时，你就成了别人拒绝名单上的一员了。可见，一个失败者就是这样被造就的。

人本性里就有懒惰的成分，这是心理上的疲倦情绪造成的。它可以表现出来很多种样子，包括极度的散漫和懒惰。烦闷、害羞、妒忌、嫌弃等全会诱发懒惰，让人没有办法完成自己的计划。而有的人懵懵懂懂，不知道自己的行为就是懒惰；有的人把希望放在明天，设想圆满的将来；还有更多的人虽然极力想要去改掉这个坏习惯，却总是不知道要怎么做，因而恶性循环。

如果你是一个无法克服自己惰性的人，那么首先你要学会微笑。当你不再用冷漠、生气的面孔面对世界时，你就会变得积极主动，因为你想把自己变得更完美、更成功。你也可以做一些你最喜欢的事，或是你想了很久的事。不要看结果如何，只要这段时间过得充实就该愉快。另外，要保持乐观的情绪，不要动不动就生气。遇到挫折时，生气是无能的表现。正确的做法应该是冷静地查找问题出在哪里，或是自我解脱，或是与别人商量，哪怕争论一番对扫除障碍都有益处。这个过程带来的喜悦能使你更加积极向上，变得勤勉。当然，你还要学会肯定自己，勇敢地把不足变为勤奋的动力。学习、工作时都要全身心投入，争取最满意的结果。无论结果如何，都要看到自己努力的一面。你的努力最终会让你成功。

不要放纵自己的惰性，给自己制定计划和纪律，严格要求自己，这看似委屈了自己，强迫自己放弃了很多的生活乐趣，不能够随意、潇洒地生活，其实不然：严格要求自己，正是养成良好习惯、克服惰性，从而享受高质量生活的前提。

不能随便放任自己，不能轻易向懒惰妥协，要坚定自己的目标与计划，才能打理好你自己的人生。不然，你就会随波逐流，贪图眼前的一点点安逸享受而损失掉生命中宝贵的财富。一个人的勤奋付出是会有收获的，之所以还没得到自己想要的，是因为你的勤奋还不够。我们总是抱怨太多，其实是自己付出得太少了。为什么要不停抱怨呢，抱怨得再多有什么用呢？没有付出就没有回报，一个懒于付出的人还想要什么呢？

人们常说：努力的女人更可爱。我们可以这样理解——一个肯勤奋努力的女人，总会得到自己想要的，她会一点一点靠近自己的目标，一步一步更接近自己心目中完美的自己。这样的女人难道不优秀不可爱吗？生命是自己的，生活是现实的，不对自己负责，那么你必将成为一个失败者。要想得到自己想要的，必须靠自己的勤奋、自己的努力。

懒惰耗尽了时光，唯勤奋可力挽狂澜

生活中，有些人把自己的失败归结为运气不好，认为自己明明很努力却没有达到自己的期望值，这种不成正比的境况是自己运气不好造成的。

现实社会中，也许有运气的存在，但从本质上这只能说明自己的努力还不够，现在的努力并不能支撑你达到自己的期望值。你之所以为自己找了这样一个借口，是为了让自己的内心更平衡一些，或者是为了给自己的懒惰、不努力、不上进找了一个更官方、更好的借口。

可以说，我们每个人的一生都可能与懒惰相遇，可是有的人战胜了它，有的人却被它吸引、同化，因此一次又一次地让自己的努力付诸东流。勤奋是成功的唯一途径。没有它，天才也会变成呆子。

一个永远勤奋而且乐于主动工作的人，将会得到老板甚至每个人的赞许和器重，同时，你也会为自己赢得一份重要的财产——自信，你会发现自己的才能足够赢得他人，甚至一个机构的器重。

李丽是一名普通的白领，结婚后，她开始逐渐依赖丈夫，自己每天就想躺着不动，最后索性辞职当了家庭主妇。

有一年，她的丈夫不幸在车祸中去世，家里的重担全部落在了李丽的身上，她不仅要开始养活自己，还需要养活他们的孩子。面对如此局面，李丽不得不开始重新找工作挣钱。

因为还有孩子需要照顾，李丽不能够找全职工作。因此，在每天送完孩子后，她便去别人家做家政。

有一天，李丽发现很多上班族女性都因为工作原因而没时间整理家务，她灵机一动，有了一个想法——为有需要的家庭整理琐碎家务。李丽说干就干，而且逐渐变得勤劳努力。因为需求人群增加，李丽的口碑又好，渐渐地，她开始把身边的姐妹拉来一起干，最后成立了一家专门的公司。

虽然市面上有很多同类型的公司，但李丽凭借勤奋与努力，每天的订单总是排不完。不过，她没有因此沾沾自喜，也没有因为一时的成功而松懈，她仍然夜以继日地工作，付出着自己的辛勤劳动。在她的身上，已经看不到懒惰的影子了。

不管出于什么样的原因李丽开始勤奋努力，不可否认的是，告别懒惰的一个好方法就是勤奋。勤奋让李丽告别了懒惰，摆脱了人生困境，也是勤奋让她走出了一条属于自己的事业道路，走向自己的美好人生。

华罗庚说："聪明出于勤奋，天才在于积累。"所谓的聪明的人才，其实也是对知识的日积月累和勤奋努力的结果。比如我国著名的数学家陈景润，为了攻克"哥德巴赫猜想"，坚持每天清晨三点起床学外语，每天去图书馆沉浸在数学符号的海洋中。有几次，因为他没有听见管理员"闭馆"的叫喊声而被反锁在图书馆里，但他毫不介意，仍不倦地回到书堆中。有道是，勤能补拙是良训，一分辛苦一分才。天资差些的人通过“勤奋”也是可以成才的。比如爱迪生小时候被老师视为低能儿而被学校开除，可是由于他自己后天的勤奋，终于成为举世瞩目的伟大的发明家。所以智慧是勤奋的结晶。

余俊在高中时期一直是老师眼里的好学生、父母眼里懂事勤奋的好孩子。他以优异的成绩考上了重点大学，这在他们那个小县城是件了不起的事情，父母、老师都为他高兴，同学们都羡慕不已。

然而，在进入大学之后，余俊沉迷于网络游戏，整天泡在网吧，连课都不去上，结果年终考试，他一直引以为傲的数学竟然只考了7分。学校勒令他退学，于是他只能回家找工作了。他的父母失望极了，母亲整日以泪洗面，责怪他经不住网吧的诱惑而荒废了学业。

我们安于享乐、害怕困苦是产生惰性的原因。懒惰会荒废我们的事业，勤奋则能帮助我们成就一番事业。懒惰的人常常会躲避艰苦的工作，拈轻怕重，在工作中没有任何表现；勤奋的人则是迎难而上，把克服困难当作一种乐趣，因为当困难被克服时会有一种成就感。

正所谓“天道酬勤”，人生苦短，我们有权利挥霍今天，但有多少个明天呢？懒惰的人总是将事情推到明天，然后推到后天，结果事情永远都做不完。我们要懂得充分利用今天，在今天铺设成功的奠基石，铸就明天成功的希望。

如果想战胜懒惰，做成事情，就要脚踏实地努力做事，勤奋是成功最主要的方法。对我们而言，勤奋不仅可以创造财富，还能防止精神涣散、没有斗志。

我们是可以克服懒惰的，只要我们勇敢与其抗争，就能超越这种劣根性的钳制。而抗争一开始都是由一些外力来强制实现的，进而才能逐渐变为恒定的精神和行为习惯。

勤劳习惯一旦形成，就会拥有稳定的愉快心情，懒惰自然也就克服了。因为我们忙于专注的事时，恶劣的情绪是没有机会潜入我们的内心的，更不会有在心中盘踞的空间。一个人只要进入勤劳状态，心中就不会有长久驻足的懒惰。因此，克服懒惰最直接有效的方法就是让自己忙碌。绝不能让懒惰支配自己，想着还有明天，什么事都不做，只要还有后退的余地，最终我们就会走入绝境。

从某种意义上来说，懒惰是一种堕落，它极具腐蚀性，侵蚀我们的精神，让我们停止前进的脚步。懒惰可以轻而易举地毁掉我们。懒惰的人是不能成大事的，因为他们贪图安逸、害怕风险，并且缺乏吃苦实干的精神。成大事者，都以“勤奋是金”为信条。只有经历过风雨才能看见彩虹，没有人能随随便便成功。所以在被懒惰拖累到毁灭之前，我们要学会摧毁懒惰。现在开始甩开懒惰，不再有片刻的松懈。勤劳是懒惰的天敌，我们只要勤奋努力，战胜懒惰，就能成就宏图伟业。

拈轻怕重，人生还如何成长

懒惰的表现形式之一就是拈轻怕重。这种因为懒惰而避重就轻的投机取巧行为，使我们并没有得到真正的历练，也难以有一番真正的作为，反而对我们的成长不利。

有些人在工作中回避重的责任，只拣轻的来承担，这样做对自己今后的发展没有多大的好处。工作中，凡是重活累活当然需要在体力和脑力上付出更多的代价，因此，拈轻怕重的人在面对一项任务时，还没开始做就觉得自己无法胜任，或者已经有了躲避的决心，常常会想出各种理由来为自己推脱："这件事我恐怕做不好，还是让别人去做吧。"他们这样做，一方面是打着自己的小算盘，认为付出多得到少不划算；另一方面是因为他们不敢尝试，不想做难度太大的工作，结果，变成了什么都不想做的懒虫。

拈轻怕重在择业中的表现就是没有吃苦精神，一切以舒适享受、条件安逸为首选标准。

众所周知，大学生找工作都愿意选择大城市，找单位讲究舒适度，至于进工厂、去一线、到基层，或者去农村创业，他们认为自己实力超群，想也不去想。就算"委屈"一下自己先在条件差的地方就了业，很多时候也是身在曹营心在汉，难以安下心来踏实工作，一有机会就跳槽。凡此种种，都是拈轻怕重的表现。

在工作中，拈轻怕重最明显的表现就是喜欢要小聪明，任意挑选工作，上班不出力、在岗不办事、重担不去挑。对上级交给的任务，合口味的就执行，不合口味的就推诿扯皮、拖着不办；有的甚至讲条件、提要求、要好处等。

凡是拈轻怕重的人都缺少一种吃苦精神，他们这样做就是为了让自己在工作中少吃苦，付出最少的代价，得到丰厚的报酬。殊不知，如果总是挑肥拣瘦，嫌弃工作不体面，当然不会得到什么全面的历练，自己的能力也无法提高。

事实上，这些人并非不具备完成艰难工作的能力，只是因为他们太懒惰，过于精明，从不愿担当走向了不敢担当，结果，大事做不来、小事不愿做，最终什么也得不到。

其实，每个岗位都能锻炼人，而且越是基层的地方，接触的事情越多，所获得的经验越丰富，自己的才智和能力也提高得越快，进步也越大。从现实生活中来看，但凡在单位里受到领导重视、得到同事尊重、在事业上有大发展的，莫不是那些敢于担当重任的实干苦干者。

《瞭望》杂志上曾经刊登过向南林的事迹，他就是一个不但不挑三拣四，而且还自愿担当一些别人看起来不划算的苦差事的战士。

向南林是解放军某部维修班的一名普通战士。每年，部队都有一些装备需返厂维修，这可不是一件轻松的差事。数九寒冬，需要坐在没有遮挡的平板车上去厂家送维修装备。可是，向南林没有躲避，也不会挑肥拣瘦，总是抢先揽下押运的任务。

冬天押送时，在寒风刺骨的原野上向南林无处避风，就用稻草围个窝当帐篷；没有可口的热饭菜，向南林就喝结冰的矿泉水、啃挂满冰碴的方便面。

就是这种看来很不划算的工作，向南林每次都乐此不疲。用向南林的话说，这“差事”很划算。因为他把这些艰苦的工作看成对自己的历练。每次送修装备前，他都把维修时遇到的“疑难杂症”记录下来，向师傅们当面请教，对他有用的资料能复制的就用移动硬盘保存下来。如今，他除了精通本专业，还学会了火炮、油机、电工等保障修理知识，成了全团装备修理的“多面手”。

如果当初向南林总是避重就轻，怎能有今天的成绩呢？

成功需要历练，我们需要做个全方位的人才。因此，要想让自己取得辉煌的成就，就需要有意识地克服拈轻怕重的思想，树立迎难而上、勇于攻坚的精神，锻炼自己敢于担当重任、不怕苦、不怕累的毅力，改变自己惰性十足的心理状态。

铲除心底的惰性，做勇挑大梁之人

凡是懒惰和拈轻怕重的人大多不敢担负重任，他们不愿承担风险，遇到困难首先想到的就是躲避、逃避。这样不会显示自己的无能，也不用担负做不好“砸锅”的责任。在这种懒惰思想的支配下，他们得过且过地工作，不会有进步，他们的人生也不会完成跨越和提升。

与不求进取、安于现状、拈轻怕重的懒惰者相比，成功者往往不喜欢安稳平庸的生活，他们喜欢接受挑战，有胆量去尝试一些困难的、冒险的，却有价值、有意义的生活。因为他们知道，当困难克服了，险境过去了，他们才会品尝到一些人生的真味，而他们最大的收获往往是成功的快乐。

小静刚到电视台的时候，负责初级的广告销售。作为一名刚进入电视行业的年轻人来说，在竞争如此激烈的情况下，她明白只有比其他人付出更多的努力，且不惧怕任何困难和挑战，才有可能在公司中脱颖而出。

有一天，台领导对所有销售说台里新增了一个政治类广告，需要有人去销售。其他的销售都不希望接这个费力不讨好的“烫手山芋”。但小静觉得自己大学期间在政府和公共服务部门做过志愿者，对这方面应该会有所帮助，她应该尝试一下。所以，她毫不犹豫地表示愿意接受这项任务。

虽然她刚接手时心里也有点发虚，但她没有退却，也没有避重就轻。她觉得这个岗位是可以锻炼人的，可以丰富自己在业务方面的知识与技能，于是，她毫不犹豫地接下来，并要把这块硬骨头啃下来。

后来，凭着她的艰苦努力，市场一步步被开拓起来。如今，她的业务和仕途双丰收，自己不仅成为负责高端商业客户的高级销售经理，而且还成了老板身边的大红人。

由此可见，“烫手山芋”也是能展现自身才华的机会。

可是生活中，很多懒惰者也是懦弱者，他们没有信心，时常怀疑自己是否有能力完成如此重要的任务，所以他们在责任面前一味地退缩，在面对该承担的责任时往往会选择逃避。相反，那些勤奋的人会开动脑筋，千方百计去克服困难。因此，面对工作中的重任和困难，他们不会避重就轻，而是当仁不让，专门去“挑大梁”，通过他们勤奋的努力，开动脑筋，把烫手的山芋吃开花。

在大同水库大桥的施工中，出现了许多令人意想不到的问题。本来水中桩就挺难干的，可偏偏又碰上了两三米深的流沙层，污水泵 24 小时不停地抽水也抽不干。更让人头疼的是大量的流沙伴随着水流蜂拥而至，不但挖好的桩孔瞬间弥合，就是护壁也常常被流沙冲塌，时时威胁着挖桩人员的生命。

在这种艰难的条件下，大同水库大桥施工成了项目部总体施工中的一个难点，眼看时间一天天过去，可还是没有有效的方法施工。如若不及时攻克，势必会影响石武客专线按期通车。

谁来啃这块硬骨头？面对如此大的难题和重任，人们都在观望着、犹豫着。搞不好就会把先前的工作成绩全抹平了。

但是，躲避永远无法解决问题！此时，于天赐不服输的劲头上来了，他决心啃下这块硬骨头。他想，我们走南闯北，久经沙场，那么多大工程都完成了，难道就被几根桩基及流沙难住了吗？不论多苦多累多难，也要按期完成上级交给他的这项任务。

于是，他开动脑筋，思考解决问题的方案，同时又与技术人员查阅有关技术资料。通过几天几夜的刻苦钻研，他们研究出几套可行的施工方案。为了保证方案的顺利执行，于天赐不顾劳累辛苦，带领他的队员们日夜奋战在施工第一线，终于完成了一个又一个的施工任务，为石武客专的工程建设做出了巨大的贡献。

与拈轻怕重相比，敢于啃硬骨头就是勇于担当重任的表现，这种精神值得被人称赞。当然，这种担当不是只凭勇气，而是以勤奋努力为依托。只要勤于开动脑筋，任何困难都可以战胜。因此，对于每一个渴望成功的人来说，要想彻底铲除隐藏在心底的惰性，就要通过努力、实践来强化自己的能力，这样成功就离我们不再遥远。

摆脱安逸，你的生活不可能永远“维持现状”

人都是有惰性的，你也许会想：做完这件事，还有另外一件事，所有自己要做的事情都是没完没了的，什么时候才能做完呢？很可能你现在所处的环境很安逸、很舒适，这样的环境让你产生懒惰的想法很正常的。但是，你需要做的是逃离这种安逸的环境，摆脱眼前的这种现状。

我的妹妹小玲一直都被亲友、同事称为“拖拉大神”，因为她做事实在太能拖了。周三，小玲原本和妈妈说好了回家吃饭，结果却赖在办公室上网到晚上7点多，直到最后实在不想动了，就放了妈妈的“鸽子”。

周日晚上，小玲发现本该在周五写的计划现在还没有写，而这个计划下周一上班时必须要交。她纠结了半天，终于坐到了电脑前，可一打开电脑她就忍不住上网，一会刷微博，一会儿聊QQ，结果不知不觉到了零点，最后不得不打着哈欠熬到凌晨3点才弄完。

小玲爱漂亮，希望自己能有好身材，也知道运动减肥对自己有好处。然而，她的拖延症总是让她很难自觉地去做运动。于是，她找了我来督促她减肥，不过我的监督对她的拖延起不了一点作用。她总是会找到各种借口和理由来逃避，继续拖延。

为什么拖延症患者不会主动去做一些对自己有益的事情呢？因为每个人都愿意处在一个安逸的状态里，不愿意去改变，即使自己知道现在的选择不是最好的。

这是我们在生活中经常见到的现象，并不难去验证。回忆一下，当你意识到该去做某件事的时候，你有了拖延的想法，然后你就开始拖延。而当你拖延时，你一般都在做什么呢？答案是，你一屁股坐在沙发上一动不动。久坐不动的坏处，我们应该都有所了解。多年前，欧洲的医学专家就发现，人类的慢性疾病与久坐不动有关，而 9% 的慢性疾病与吸烟有关，也就是说“沙发猛于烟”。

为什么你迟迟不能踏出第一步？这是你强烈地维持现状的心理在作怪。你不想从现在惬意的状态里走出来。举个经常发生在拖延症患者身上的例子：你现在正坐在沙发上看电视剧，但你有一项明天必须要交的策划文案，需要你到办公桌前开始工作，可你就是不想起身。为什么呢？原因就是，你完全沉浸在安逸的“惬意”中了。现在这么舒服，为什么要去做那些痛苦的事情呢？你的潜意识里越是这么想，你越是懒得动。这时，我们应该怎么做呢？让你直接从电视机前站起来去工作，你肯定不愿意，甚至会有逆反心理。如果是这样，你应该试着“扔掉舒适度”。

我们知道，做到从“关掉电视”到“开始投入工作”这两个动作，需要很大的心理跨度，对拖延症患者来说这是难以做到的。这时应该先关掉电视，不要去想你接下来做什么，脑海中也别有“要工作了，关掉电视吧”这样的想法，更不要有马上要做痛苦的事情这种念头。如果被这种消极思维占据，你就怎么也不想动了。现在，要把你的思维都集中在“关掉电视”这个动作上。把其他的想法都抛掉。关掉电视，从舒适、快乐的状态中摆脱出来，离开椅子，把自己置于一个中立的位置，你才能做接下来的事情。当然，接下来绝对不是“再打开电视”。

大多数人总是沉溺于“现状”，逃避“现状之外”的事情，因而不可能去改变，所以要在维持现状的状态下去循序渐进地改变。这是因为不少人做一件事都是凭着冲动，希望一鼓作气完成它。但是，这在现实生活中毫无效果，尤其是对一些需要日积月累的事情。一些人失败之后，反而会更加依赖现状，就好比减肥失败后大吃特吃一样。

想要做出一些改变是可以的，但要讲方法。你讨厌出外跑步，可以先尝试离开椅子，去外面走走。当去外面走走成为习惯，慢慢接受跑步这个观念，就能一点点改变现在的生活或工作方式。

有人说“江山易改，本性难移”，说自己没有办法改掉这种习惯是正常的。但是，我们都忽略了拖延和懒惰并不是先天的。这就像是自己收藏的古董在市场上终于有了一个买主，对方每次来买的时候你都不想卖，总想着这东西存放的时间越长越值钱，而且买主每次来的时候都会加价。可等到突然有一天市场上这样的古董价格下跌了，你就会后悔如果当初自己早点把这古董卖了，现在也就不会这么亏了。

人都有贪图安逸的思想，这也是拖延的根源，要想提高执行力，就要学会从安逸的现状中解脱出来，进入“勤于执行”的工作模式，这样，你就能摆脱拖延症。

没有一个老板，喜欢懒惰拖延之人

在日常生活中，随处都可以看到懒惰的人。虽然每个人都不愿意听到别人说自己懒，但是或许在不经意间自己就已经成为懒惰者行列中的一分子了。

虽然惰性是人的一种天性，但它也只不过是你脑海中一个小小的念头，只要你能够将这个念头克服，懒惰自然就会被你从身上驱逐，这时你的行动、实践都将会因为你的勤劳而获得回报。一旦你学会了一项新的技能，就可以利用这项技能提高你的生活质量，从而让你有能力主宰自己的人生。既然你已播下良种，又赶走了惰性，那么你就没有理由不会获得你应有的回报，因为你种下了什么样的种子，就会开出什么样的花。

大学毕业的张慧慧在一家公司做打字员，琐碎、枯燥的工作内容把她刚进公司时的勤快、认真消磨殆尽了。

现在，没有文件要打的时候，她就上网聊天、看新闻，同事一拿来文件让她打，她就极不情愿地接过来，还一直发牢骚："哎呀，就这么点东西，自己打不就行了吗，非要拿过来！我干这工作容易吗？你们都指使我，谁愿意干这伺候人的工作呀！"

有时候，她在网上聊得开心，干脆对同事拿来的文件置之不理，好几次都影响到了公司的正常运作，拖延了工作进度。

后来，在公司的例会上，领导介绍了几个新招的职员，其中有一个就是打字员。

张慧慧在下面高兴地说："终于有人分担我的工作了！"

例会结束后，主任带着新招的打字员来找张慧慧，让张慧慧和他交接一下工作。

主任的理由很简单："很多同事反映说你不太愿意干这个伺候人的工作，那你就另谋高就吧。"

张慧慧当时就傻眼了。

莎士比亚说："我们宁愿重用一个活跃的侏儒，也不要一个贪睡的巨人。"没有哪个上司、老板能容忍懒惰的员工，愿意在公司里养一个闲人。

你要永远记住：多干一点活，你的能力就多增一分，你在老板心中的影响力就会多增一分。

老板可能没看到你长期废寝忘食忙碌工作的身影，但不会对你的进步视而不见。如果你对公司的事情能推就推、能挡就挡，总以"现在没有时间""这件事我做不了""这不是我们部门的事""下次再说吧"来应付推托、得过且过，这样会伤害你的上司，但受伤害最深的其实是你自己。等到领导对你忍无可忍，等到你被炒了鱿鱼，你还能享受少干工作所带来的轻松快乐吗?

一家公司的老板要在一个国际性的商务会议上发表演讲。而陪同他的几名要员忙得晕头转向，需要将各种演讲的材料都准备得非常妥当。

老板出国的那天早晨，各部门主管都来送机。有人问其中一个部门主管："你负责的文件准备好了没有？"

对方睡眼惺忪道："昨晚实在太累了，我熬不住睡去了。反正我负责的文件是以英文撰写的，老板又看不懂英文，在飞机上不可能先读一遍。等他上飞机后，我回公司把文件写完，再以邮件方式传过去就可以了。"

这时老板来到这位主管身前，第一件事就问："你负责的文件和数据准备好了没有？"这位主管按他的想法回答了老板。老板听到后，脸色立即就变了："怎么还没有准备好？我还想利用在飞机上的时间与负责人讨论一下自己的报告和数据，知道因为你的疏忽将浪费多少宝贵的时间吗？"这位主管脸色一片惨白。

老板永远都不能容忍懒惰、拖沓的员工，请记住：任何时候都不要自作聪明地设计老板的计划，期望自己工作的完成期限可以按照你的计划而后延。

有些人会谨记勤奋的重要性，他们明白，一分钟的懒惰可能会葬送掉一年的勤奋。是勤奋还是拖延，这在很大程度上反映了一个人精神控制力的强弱。如果你屈从于拖延的坏习惯，那你就被打败了。因为拖延懈怠、贪图安逸会使人堕落，会阻碍你事业前进的脚步。只有以勤奋的态度全身心投入，充满热情踏踏实实地工作，才能取得事业的成功。行动起来，与拖延斗争，与勤奋为伍，生命才能积极向上，事业之花才会开得更加绚丽。

远离懒惰，先要做到脱离懒者的队伍

想要战胜拖延，克服懒惰，并不只是用口头上的语言来表达自己的这种意愿，而是需要我们落实到真正的实践活动中，这并不是一朝一夕就能做到的。解决一个问题，归根到底要先找到产生它的根源。有人说："懒惰是传染病，只要你的身边有一个懒人，很快就会出现第二个，逐渐增加。"这句话说得比较有道理，因为懒惰和瘟疫、病毒是一个性质的，它会从这个人的身上蔓延到一群人的身上。

西方有句名言："积极的人像太阳，照到哪里哪里亮；消极的人像月亮，初一十五不一样。"和什么样的人在一起，就会有什么样的人生。和勤奋的人在一起，你不会懒惰；和积极的人在一起，你不会消沉。因此，如果你对自己的自控力不自信、认为自己可能被那些懒惰的同事影响的话，那么，你最好远离他们，否则，你很有可能被他们传染而成为一名真正的拖延者。

我的弟弟李小磊有一次和我喝酒聊天的时候，感慨了一下他上学及工作的事情，让我深受触动。他本来是个生活很有规律的人，每天早上6：30准时起床，但上大学后，同学们都起得晚，楼道里很清静，于是他也学会了赖在床上，玩会儿手机、听听歌，反正就是不起床。就这样，一直拖到了7：30他才慌里慌张地起床洗漱，等到了教室之后，他发现还有很多人没到，然后他就总结出了一个道理：其实7：30起床还是早的，应该7：40再起床的，这个时候到教室刚好赶着点儿，既不会迟到又可以再多睡一会儿。此后他就在7：40才起床。

以前他很喜欢收拾房间，因为在家里就他自己住一个房间，收拾起来也感觉很快，而且自己制造的垃圾也不多，基本上没有什么需要收拾的，最多也就是洗洗衣服、扫扫地。可在他上大学的时候，同宿舍里住了几个“纯爷们”，为了彰显自己的男子汉气概，慢慢地他就学会换下来的衣服不立刻去洗，反而把所有要洗的衣服攒到一起，最后再去用洗衣机洗，还美其名曰省钱又省力！

后来李小磊毕业了，回到我们县城上班，他在刚开始的时候也是比较勤快的，老板让他做点什么事，他跑得那叫一个快，工作的时候态度也特别严谨，不看网页，不挂QQ，不聊天，不上淘宝。可是后来李小磊发现，自己真的是愚钝了。有一次给同事递文件，一不留意，他发现同事的电脑桌面上还停留在聊天的界面，人家聊得那叫一个不亦乐乎，随后他也学会了：你聊天我也聊天。

之后他又发现，负责跑业务的同事大多会利用外出的时间喝咖啡、打电话，慢慢地做事，他也学会了在工作中偷懒，之后就一发不可收拾，养成了懒惰和拖延的“好习惯”。现在每次我们一起喝酒，他总会感叹，当初如果没有学别人，自己现在肯定还是一个良好青年。

为什么身边的这些懒人会对自己造成这么大的影响呢？原因

正是我们喜欢把自己的注意力放在他们的身上，根本没有在自己的工作上下功夫。只看到别人在工作的时候处于一种没事的状态，刷刷微博、聊聊天。可是你有没有想过，他们有可能是已经做完了自己的工作，才去做这些消遣活动的。如果这个时候你去学他们，自己的工作不做了，开始了纯娱乐性质的消遣，那么等待你的可能就是“安排的工作没有做完，就准备晚上加班吧”。

不要把注意力放在别人身上，这样只会让你在工作的时候变得更加浮躁。你也许会想“凭什么别人可以聊天，自己却要工作”，这样在自己的内心就会有一种想要去模仿的冲动。但是如果你把注意力从他们的身上转移出去的话，每当自己完成一项任务时就会有一种成就感。因为在你完成任务的时候，可能别人还在加班。

当然，我们不应该和那些“懒人”去计较一些事情，这样会打击我们做事的积极性。拿家里最常见的事情来说，加班晚回家的妻子刚进家门就看到丈夫在沙发上跷着二郎腿看电视，桌子上留着水果皮和坚果壳，这个时候妻子就会觉得内心极度的不平衡，凭什么自己加班回家之后还要打扫卫生、做饭，丈夫就不能收拾吗？这样一想的话，夫妻之间很容易就开战了。这时很容易产生“你不做，我也不做，你懒，我更懒”的心理。

我们不要轻易就被懒人的言语和行为“诱惑”了，事情拖到最后总是需要解决的，如果被这样的人诱惑了，那么到了最后一刻你一定会产生所有事情积攒到一起的紧张感。更不能让这些懒人挡住了自己成功的道路，很多懒人都有这种心态：当自己做不完工作的时候就会向别人请求帮助，希望有人能够替自己完成。如何避免这种情况发生呢？这就需要团队进行明确分工，每个人负责一个环节，这样他就很难把自己的工作交给别人来帮忙做了。

第七章 扯掉拖延心理的华丽外衣：揭穿完美主义的内在虚伪

追寻完美，会错失身边更多的美好

每个人都在追求完美，甚至有人为了追求它而花费了自己一生的时间。我们知道，人们在追求完美的过程中可以不断地完善自己、充实自己，使自己变得越来越优秀，这是一种积极向上的表现。但是，如果我们过分地追求完美，那就是一种病态了。此时的完美就是一个美丽的陷阱，诱使我们陷入泥潭，受尽折磨。

无论什么事物，都有它的极限，如果我们抱着不能得到理想中的结果就不罢休，同时置事物本身于不顾的态度，那我们只会品尝到苦涩的果实。你要明白，这个世界上的东西都有一个度，有时候，瑕疵和缺憾也是一种美。

有的人认为，自身的完美主义体现的是一种对生活的认真态度，是一种积极、正确的行为。其实不然，过分追求完美会让你失去生活的乐趣，因为你对完美的向往已经完全蒙蔽了你的双眼，让你看不到沿途的美景。过分追求完美会让你很累，因为无论你怎么努力都不能达到所谓完美的地步，你会否定自己所有的努力和汗水，抱怨命运的不公。

我在旅游时遇到过一位六十多岁的老人，他没有结过婚，过着到处旅行、流浪的生活。他每天都忙忙碌碌，每天都愁容满面，似乎是还没有找到想要的东西的缘故。

我问他在找什么，他说："我在寻找一个最完美的女人，我要娶她为妻！"

我继续问他："找了那么多年，去了那么多地方，难道你就没有碰到过一个完美的女人吗？"

"有的，我碰到过一个，那是仅有的一个，她真是一个完美的女人！"

"那你为什么没和她结婚呢？"

老人叹了一口气，满脸无奈地说："可是，她也正在寻找一个完美的男人并同他结婚！"

这位老人之所以还是孑然一身，究其原因，就是太过追求完美。老人因为坚持完美，从而错过了很多原本可以拥有的美好东西。他不明白，完美是不存在的，生活更不可能有完美的结果。因为追求完美，人们便会对不完美的东西不屑一顾，这常常会使我们失去很多机会。所以，我们无论是做人还是做事，都要面对现实，从实际出发。

我们只有学会不苛求生活中的琐碎小事，不一味地追求完美，才能拥有更轻松的生活。可是，完美主义者偏偏给自己设定了一个十全十美的目标，所有的事情都要求自己做到最好，一旦得不到预想的结果就会深深自责，甚至沮丧消沉，继而彻底怀疑和否定自己，完全被完美主义束缚住了。这样的生活岂能轻松？岂能快乐？

很久以前，在干旱的沙漠边缘地区住着一位牧人，他的家里非常贫穷。他很羡慕富人的生活，幻想着自己有钱的那一天。然而，现实总是残酷的，他还是过着自己原来的生活。

一天夜里，牧人梦到一位天使对他说："我是幸运之神，住在一百里外的石洞里。你来拜访我吧，不管你有什么愿望，我都会满足你的。"

牧人感到很兴奋，决定去一探究竟。第二天，他骑着骆驼出发了，走了两天两夜，水和食物都耗尽了。就在他饥渴不堪的时候，他看见前方有一个发出七彩光芒的洞穴，走进洞穴，他见到了光芒四射的天使。

天使把一个红箱子递给他，说道："这个宝物可以让你改变一切。我教你一句咒语，只要你念了它，再把心里想要的东西告诉箱子，你打开箱子之后，想要的东西就会出现在眼前。但有一个条件，它只可以使用一次！"

牧人很感动，但此时他又饥又渴，便问天使："我现在最需要的是一顿饭。你可以满足我吗？"

天使说："可以！"接着又递给他另一个蓝色箱子："这是另一个宝物。我教你另一个咒语，只要你念了它，再把心里需要的东西告诉箱子，你打开箱子之后，你需要的东西就会出现在眼前。它也只可以使用一次！"天使说完后，就消失不见了。

牧人太兴奋了，赶紧对着蓝色箱子念了咒语，要了一些食物和淡水。打开箱子，他的愿望果然实现了！

次日，他万分高兴地回去了。他念了咒语，一路上把愿望一件件地告诉了那个红箱子。牧人首先想到了牧场，于是他告诉红箱子，他要一片牧场。有了牧场之后他觉得还需要一片果园，可是只有果园并不完美，所以他又要了一座花园，但是只有花园怎么足够呢？他还需要一幢宫殿，并要求房子的庭院里有一个大水池。而水池底下也不能光秃秃的，要缀满宝石，池里有音乐喷泉，池上有鸳鸯、天鹅等等。另外，他想到回到家后，再叫他的太太把她所想要的东西也一一告诉宝箱，直到他觉得自己的人生拥有这些东西足够完美之后才停下来。

一路上他非常高兴，然而一天之后，他发现食物越来越少，淡水也快喝完了。他有点懊悔，抱怨道："当时要求的食物和淡水太少了。"但他又想："不要紧！再坚持一天，到了家打开红箱子，那么一切就都有了！"于是，他忍着饥饿和口渴，在沙漠里缓缓地前进着。

第三天，他实在熬不下去，从骆驼身上倒了下来，手里抱着的红箱子也掉在了地上。他实在撑不住了，于是伸手把红箱子的盖子掀开。顷刻间，他的愿望全都实现了。

只是，他要的花园太大了，房子在远远的另外一端，他要通过花园才能到家门口。他鼓足了劲拼命地向前奔跑，跳进了水池里。跳下去之后，他才想起自己根本不会游泳，于是使劲挣扎，但身体不听使唤，一直往下沉。他要求的水池太大了，也太深了，他的脚根本够不到池底。

就这样，他沉了下去，最后，他看见了缀满宝石的池底，但还没来得及高兴，他就溺死了。在溺死前，他还在拼命挣扎，脑海里想着："谁来救救我啊！现在我想要的都已经出现在眼前了，我的人生即将圆满了，可是一切都完了！"

为了追求完美，这位牧人不停地要求，不停地索取，不曾想却因此而丢了自己最宝贵的生命。

世界上没有绝对完美的艺术品，也没有绝对完美的人，更没有绝对完美的生活。过于追求完美的人，常常会束缚自己，就像总想把梦幻中的美景带到现实中的人一样，经常会感到沮丧和失望。你应该静下心来想一想，如果身边的一切真的很完美，那么为什么还会有那么多的人叫喊“不公平”呢？

我们总是希望自己不犯错误，希望把任何一件事情都做得完美无瑕，因此一旦犯了错误，没有把事情做到完美，就会常常自责、抱怨，精神和肉体上承受了巨大的折磨。其实何必这样呢？完美是不可能达到的，人只有懂得满足才能享受到生活的乐趣。所以，不管做什么事情，只要我们真正努力过就应该感到满足，一味苛求完美是没有意义的。

我们要学会为自己的努力成果喝彩，哪怕只是一点点，这样才能有成就感，才是正确的选择，我们用这种心态才能坦然面对生活中的不如意。换一种心态看待生活中的残缺，或许我们就能看到一片轻松的天地。

别太固执，缺憾也是一种美

我们往往希望自己是一个完美的人，总是怕别人看出自己的缺点。其实，世界上没有谁是完美的，每个人都有缺点。对人或者事物要求过高，刻意去追求完美与圆满，心中不能接受一些缺陷和不足之处，便成了人生烦恼忧愁的根源。南怀瑾先生认为，事物或人有缺陷并非坏事情，有缺陷才能够促使其更加努力，才能够逐渐地趋近于完美。

的确，生命像是一篇高低起伏的乐章，高低起伏才更能显现出生动和鲜活，所以，生活的真相便是“不如意十有八九”。世间没有真正完美的事物，若一味追求完美，也是一种不完美。

有这样一则故事：

一座山上的寺庙中有几十个和尚。有一天，寺庙方丈觉得自己时日不多，就想从其弟子中找出一个人来接替他，然而，弟子们个个都十分优秀，他自己也不知道应该如何选择。

几天后，方丈想出了一个办法，他将弟子们全部都叫过来，并吩咐他们去寺院后面的树林里各自找一片最为完美的树叶回来。所有的弟子都不知其中的道理，但是仍旧按照师傅的吩咐去做了。

他的弟子们来到树林，都暗想：这么多树叶到底哪一片才是最完美的呢？冥思苦想，他们都不知道该如何是好，但师父交代的任务根本不能够应付，更不能不做，于是，他们便在树林中仔细地、辛苦地寻找起来。结果到了天黑累得气喘吁吁，也没能找到"最完美的树叶"，最终都空手而归。

只有一个小和尚这样想：这里的树叶这么多，每片树叶都有其独特的美，于是便随便捡了一片，早早地回到了寺院里。

天黑了，方丈见众人都累得气喘吁吁，而且都空手而归，便问他们："你们都没有找到吗？"所有的弟子都说："我们竭尽全力地在寻找，但是根本没有最完美的。"唯独那个小和尚十分平静地把一片树叶交给方丈。方丈惊讶地说："你确定这片是最完美的吗？"小和尚回答道："是的，虽然我不知道您说的最完美的树叶是什么样的，但我认为我拣回的这片树叶就是最完美的。"

最终，方丈宣布那个捡回树叶的弟子将成为自己的接班人。

方丈的众多弟子竭尽全力也没能找到"最完美的树叶"，其根源就在于他们没有弄明白世间根本不存在完美事物的道理。

可能有人会说，我为事业付出了自己全部的精力，最终升了职，达到了自己的目的，不是一种完美吗？更多时候，一味追寻所谓的"完美"只是人们心中的一个美丽的错觉。你要知道：世间任何事情的发展都是相对的，即使这一面看似达到完美了，另一面也难免会有缺陷，就像许许多多爱岗敬业的职员，一味地在事业上追求完美，付出了自己的全部精力和时间，也得到了一些回报。然而在另一方面，他们丢掉了家庭、健康等。对于事业来说可能已经做到了极致，但对家庭和健康来说是一种缺陷。

无可否认，追求完美是人的一种天性，这并没有什么不好。

人类也正是在追求完美的过程中不断地完善自己，创造出五彩缤纷的世界。如果真的只因一点点缺憾或者一点点不足，便耿耿于怀，顽固追寻，那样就失去了一个适度的平衡，也是自寻烦恼。因为你必定会要为那理想中的完美，那百分之零点几或者百分之零点零几的缺陷付出加倍的精力、时间、资源等。更何况，世界上百分之百的完美根本就不存在，我们所谓的完美只是一个极具诱惑力的口号，一个漂亮的陷阱。

同样，任何事物都有不尽完美的地方，人都是有缺陷的，只有放宽心，才能促使自己更加努力，就像南怀瑾所说："必须要带一点病态，必须要带一些不如意，总要留一些缺陷，才能够促使他更加努力。"这样才更容易达到最后的成功。

在大草原上，有一头雄壮的狮子叫辛巴，它从小就立下雄心壮志，长大后一定要做草原上最完美的狮子。通过几次经验教训，辛巴发现，狮子虽被称为兽中之王，但是在长跑中耐力远远不如羚羊，这便是兽中之王最大的弱点。也正是因为有这个弱点，很多时候，本该到嘴的羚羊却跑掉了。野心勃勃的辛巴想方设法，力求改变自己的这个缺点，通过长期对羚羊的观察，它认为羚羊的耐力与吃草有关系。为了增强自己的忍耐力，辛巴就学着羚羊吃起草来。最终，辛巴因为长期吃草变得很瘦弱，体力也大大下降。

母狮子得知这一情况后，就教育他说："狮子之所以能够成为草原之王，不是因为其没有缺点，而是因为它们在长期的生存过程中能够及时地弥补自己的缺陷，才能超越其他动物。例如狮子需要更加熟练掌握的天赋特长：超强的爆发力、卓越的观察力、精准的扑咬等。若是一味地去追求完美，则会导致自己的天赋和特长都不能很好地运用，反而达不到目标。”

听了母亲的话，辛巴认识到自己的错误，开始更加强化自己的优点，两年后，它终于成为大草原上最优秀的狮子。

哲人说：“不求尽如人意，但求无愧我心。”要知道，在这个世界上，真正的完美是不存在的。追求完美只是一种憧憬或者向往，只是生活的一个过程和体验，只要做到问心无愧即可。

“为山九仞，功亏一篑”虽然是一种遗憾，但“金无足赤，人无完人”是一条亘古不变的真理。人生总会有不如意的事情，我们需要保持一颗平常心，对于各种得失、缺憾和成败都泰然视之。如此才会发现缺憾就如同那断臂的维纳斯一样，也是很美的，这样也就不会为了如同空中楼阁的完美而耗费掉自己的心血了。

只有留一些缺陷，才能使自己做到更为完美。任何一个人都不是十全十美的，也不可能做到每个方面都比别人强。有一方面突出的特长便已经非常优秀了，若是还要事事追求完美，最终可能连某一方面的特长都会退步。

完美主义是个陷阱，完成更加重要

在我们的周围，有这样一些人，他们工作认真、能力突出、勤勤恳恳，一些能力不如他们的人都已经成绩十分显著了，但他们总是无法成功，这是为什么呢？在排除其他因素的情况下，他们很可能是陷入了完美主义的泥沼。

不知道你是否有这样的感受：在你着手准备做某件事前，总感觉计划不周密，于是，为了完善你的计划，你迟迟未动手；在接到上司的某个任务时，你发现上司的方案有个不如意的地方，为此，你花费了大量的时间去求证，最终也延误了上交任务的时间；购物的时候，你是否对那些打折或促销的产品不屑一顾、认为它们必定有着瑕疵？对于工作中那些看起来十分随便的人，你嗤之以鼻，认为这是不负责任的表现。

如果你有这样的表现，那么，你很有可能是一位完美主义者。对于完美主义者而言，他们着眼于细枝末节的事，认为要做好一件事，必须考虑每一个因素，然而，世界上本就不存在绝对的完美，它只是乌托邦式的美好愿望而已。我们在做一件事时，完成远比完美更靠谱。举个简单的例子，领导交代给我们某个任务，他要看到的只是工作成果而已，并不是完美无瑕的艺术品，如果我们一味地考虑其中可能出现的漏洞而不去实现的话，那么领导是看不到你的努力的。并且，绝对完美的事是不存在的。任何一个高效率的工作者，都会秉持“八分原则”，也就是允许二分的瑕疵存在。

我们如果细心观察就会发现，周围那些忙碌、不拖延的人，也多半是灵活的，他们总是能以 80 分就可以的态度完成十分艰难的工作。而完美主义者，因为总是将精力放到过多的细小问题上，要么拖延不动手，要么放缓了行动的速度。要知道，我们若想在这个高压的现代社会更快乐、轻松地生活，就应该摒弃完美主义。

可见，凡事都要有个度，追求完美到了一定的地步就变成了吹毛求疵。如果不达到想象中的彻底完美誓不罢休，那就是在和自己较劲了，长此以往，不但会让我们养成拖延的坏习惯，还会让我们的心里有解不开的疙瘩，我们自己也会渐渐承受不了这种越来越沉重的负担。

我有个做编剧的朋友小陈，从学习编剧的那一天起，小陈就对自己的情节掌控能力非常自傲，他觉得自己写的作品一定能够大红大紫，他不允许自己的作品出现瑕疵，对剧本的要求异常苛刻。在他看来，剧本中出现错误是不可饶恕的。

他虽然是个新人，但他认为自己的水平绝对是大神级的，只要自己把作品交出去，影视公司会争着抢着选用。然而，他的心里又有些害怕，害怕那些影视公司“有眼不识金镶玉”，害怕没有人欣赏自己的才华，害怕自己的作品不被认同，害怕被影视公司拒绝。

被拒绝了，就代表他没有能力，他所谓才子的名头实际上都是浪得虚名，他并没有传说中那般优秀。这些，都是小陈无法接受的。

所以，小陈开始矛盾，并在矛盾中拖延，拖延去写剧本，拖延交稿，不愿意将稿子送到任何一家影视公司。每当有人问起他的工作进展时，他都会说："等我写好了，一定会大红大紫"。

至于剧本到底什么时候能够写好，恐怕小陈自己都不知道。

一个粉嫩新人能够变大神吗？能！但那需要时间，需要积累，需要努力，也需要运气。

一个粉嫩新人能够立即变大神吗？不能！如果能，大神们将情何以堪？

对自己的要求高一些，对自己的期许高一些，这没有错，没有高的目标，就没有进步的压力和动力。

但是，金无足赤，人无完人，这个世界上从来都没有什么东西是完美的，即便美丽如维纳斯，尚且缺少左臂，更何况我们只是凡人。虚妄地去追求本就不存在的绝对完美，只能让我们在拖延的怪圈中溺毙。

有一个这样的笑话：一个人来到一家婚姻介绍所，进了大门后，迎面又见两扇小门，一扇门上写着"美丽"，另一扇门上写着"不太美丽"。这个人推开"美丽"的门，迎面又是两扇门，一扇门上写着"年轻"，另一扇门上写着"不太年轻"。他推开"年轻"的门……这样一路走下去，男人先后推开九扇门，当他来到最后一扇门时，门上写着一行字：您追求得过于完美了，到天上去找吧。

笑话当然是笑话，但是说明一个道理：真正十全十美的人是找不到的，我们不要过分追求完美。

无论是工作还是生活中的烦恼，很多都是因为过分追求完美而产生的。如果我们苛求自己或别人把每一件事都做得完美无缺，那么我们将会失去很多东西。这个世上本来就没有完美的东西，如果一味地追求，最后得到的反而是不美的。

总之，人生是没有完美可言的，完美只存在于理想中，我们的工作和生活中总是有令人不满意的地方。事实上，追求完美的人是盲目的。“完美”是什么？是完全的美好。这可能吗？“凡事无绝对”，哪里来的“完全”？更不要提“完美”了。既然没有“完美”，那又为什么要去寻找它呢？

别让不完美的焦虑，使你成为崩溃的“黑天鹅”

出现“不完美焦虑症”的人多数是因为长期生活在一种追求完美的状态中，为避免失败，他们将目标和标准定得看似完美无缺，把“追求完美”当成习惯，把注意力更多地放在了害怕不能完美的现实上，并由此疑神疑鬼、胡思乱想。心理学把这种现象称为“消极完美主义”。

消极完美主义的思维方式，其目的是保护自己，害怕由于自身的缺陷得不到别人的尊重，从而钻牛角尖。他们从错误的观念出发，因为过度看重某个问题而失去了更多东西。

大部分时候，消极完美主义者会在自己所在的领域取得不错的成就，维持集体或团队的表面和气，别人做到完成就好了，他们非要把事情做到极致。别人做到1，他们怎么也要努力做到4或5。

但是通过深层次沟通，你会发现他们有着令人匪夷所思的观点。他们一般都认为问题只有两面，比平常人更容易走向极端。他们一旦认定了一个事实或者是下定了决心，就会对其他相反的意见变得相当的神经质，这个时候，用冥顽不灵来形容他们都不为过。

在达伦·阿伦诺夫斯基执导的影片《黑天鹅》中，女主角妮娜是一名出色的芭蕾舞演员，她在舞台上的演绎堪称完美。在一场盛大的演出中，她极力争取到了天鹅王后的角色，但被要求分别饰演纯真无瑕的白天鹅与魅惑邪恶的黑天鹅这两种完全对立的角色。追求完美主义的妮娜能够将白天鹅演绎得十分出色，却始终无法很好地演黑天鹅，因为她不能接受邪恶的自己。虽然导演一再强调，让她尽量释放自己，轻松地去饰演，但她想到自己将与“邪恶”“黑暗”等词挂钩，就感到紧张和焦虑，因此，她常常惩罚自己，甚至自我摧残。

为了能够完美诠释黑天鹅，妮娜濒临精神崩溃。她不断节食，身体越来越消瘦，甚至放纵自己，完全颠覆了之前高雅端庄的“乖乖女”形象。

经过一番地狱式的煎熬之后，她的付出终于有了收获。她开始能够在舞台上尽情地释放自己，成为一只冶艳而魅惑的“黑天鹅”，她的表现也得到了导演的极力认可。然而，即便如此，她还是觉得自己不够优秀。她开始对周围的人对她的评价产生猜忌，并断定她的竞争对手正在策划一场阴谋，以夺取自己好不容易得来的天鹅王后的角色，而一旦她的表现出现丝毫差错，那个竞争对手就会取代她。她对自己的要求更加严苛了，甚至到了疯狂的地步。这一切让她的精神更为错乱，最终陷入了充满幻觉与妄想的世界当中。

尽管影片的最后，妮娜达到了艺术的巅峰，成功演绎了白天鹅与黑天鹅两种截然相反的角色，但是她也付出了无比沉重的代价——不仅患上了严重的幻想症，还昏死在了她所热爱的舞台上。

像影片中的妮娜这样过度强调十全十美的名人比比皆是，相信大家都不会忘记张国荣、三岛由纪夫、茨威格等人的自杀事件。他们都曾是所在领域最耀眼的明星，却在事业的巅峰阶段走了下坡路，直至毁灭。造成这一凄惨结局的原因之一就是他们极力追求的完美主义。尽善尽美是处事认真的一种体现，但过度追求完美，很容易导致心理失衡，从而产生严重的焦虑症。

从某种意义上说，他们的完美主义已经失去了“完美”本身所带来的积极意义，甚至变成了阻碍自我成长的黑暗枷锁。在心理学上，像妮娜这样“自我毁灭”的人，会被认为存在比较严重的“不完美焦虑症”。他们一般都会表现得过度谨慎、害怕出错、过分在意细节和追求计划性等，对于来自他人的评价表现得过于敏感。

再美的钻石也有瑕疵，再纯的黄金也有不足

生活中，相信很多人都被告诫过，做人做事都要认真、努力，这会使你更加完美，你会不断进步。我们鼓励认真的态度，是为了让自己的人生变得幸福和充实，然而，生活中有一些人，他们对自己太过苛刻，无论做什么事，都要求自己做到百分之百，不允许犯一点小错误，不允许生活有一点瑕疵，结果常常因为对自己太过苛刻而身心疲惫不堪。其实，有缺憾的人生才是真实的人生，我们固然要有追求完美的态度，但凡事努力就好，无需尽善尽美。

在我们工作或生活的周围，有这样一些人，他们对自己定位过高，在他们看来，没将事情做得完美，还不如不做。他们从不允许自己失败，一旦自己的工作没做到位，他们便茶不思饭不想、神情恍惚，其实这都是苛求自己的表现。他们通常比那些执行力强的人少了些灵活性，一旦他们被坏情绪缠绕，便会失去工作动力，也就变得做事拖拉。

王琳琳是一家贸易公司的主管，已经35岁的她每天都忙得焦头烂额，就如她说的："连恋爱和结婚的时间都没有。"她所在的

公司虽然不大，但每天需要处理的事情很多，最要命的是王琳琳是一个什么事情都要管的人，大到公司的业务订单，小到快递的电话都要接，然而，即便如此，她还总是觉得自己做得不到位。

一次，公司的一名外国客户前来商讨业务事宜，王琳琳原本让公司小王去应酬，但想想还是自己亲自去，谁知王琳琳完全不会喝酒，经不住客户的几句劝酒就喝醉了，然后说了些抱怨工作累、薪水低的话。

第二天清醒后，她懊恼不已，认为这样不仅有损公司的形象，也可能会传到经理的耳朵里，因为当时小王也在场。为这事，她接连几天茶不思饭不想、一天到晚迷迷糊糊，工作状态很糟糕。

这天下班，王琳琳在电梯遇到了小王，窘迫难堪的她还是问候了下属："累吧，回家多休息。"

"没有主管累，那天多亏你，不然我肯定连家都回不了了。"

"那天你也喝醉了吗？"王琳琳问。

"是啊……"王琳琳这才明白，原来她所担心的事根本不存在。

案例中的王琳琳就是个苛求自己的人，因为担心自己酒后失言可能给自己带来的后果而总是烦躁不安，影响了工作，而事实证明，她的担心是多余的。

我们周围就有这样一些人，他们做事谨小慎微，对自己和他人的要求都十分严格，总是认为事情做得不到位。因为他们太过专注于小事而忽视全局，这主要是因为他们对自己要求过于严格，同时在性格上又有些墨守成规。通常情况下，过于认真、拘谨，缺少灵活性，就会觉得活得很累，他们缺乏一种随遇而安的心态。

并且，这类人高高在上、看似完美，却没什么朋友，人们也不愿意与之交往，这是因为他们用完美给自己树立了一个高大形象，反而让人们敬而远之。因此，要懂得拒绝完美，凡事都不要逼自己，允许自己做不到100分，你会发现，原来自己可以活得很轻松。

可以说，一个人对自己有高标准的要求是有益处的，它能使我们在正确的轨道上前进。然而，凡事都要有度，过度就会适得其反。对自己要求太高，很容易陷入极端状态，比如，当犯了一点错误时，他便会悔恨不已，甚至妄自菲薄、贬低自己；那些自控力太强的人会时刻警惕自己的行为是否得当，他们会比那些凡事淡定的人活得更累。

追求完美超过了一个度，心里就有可能系上解不开的疙瘩。我们常说的心理疾病，往往就是这样不知不觉出现的。

德国文学家歌德曾说："谁若游戏人生，他就一事无成，谁不能主宰自己，便永远是一个奴隶。"就一般人而言，对自己没有高标准的要求，缺乏自控能力，一般不容易实现自己既定的人生目标，难以获得家庭的幸福和事业上的成功，其情绪容易受外来因素的干扰，使其行为与人生目标反向而行。但对自己太过苛刻则会带来反作用。

因此，每个人都要记住，再美的钻石也有瑕疵，再纯的黄金也有不足，世间的万物没有又纯又完美无瑕的，人也不例外。我们每个人都不可能一尘不染，在道德、言行上都不可能没有一点错误和不当。人总是趋于完美而永远达不到完美。因此，你不必对自己和别人做过高的不切实际的要求。

别把完美当作借口

你是否曾经有过这样的经历：你想要开始一个新的项目，或者学习一门新的技能，或者改变一些不良的习惯，但是你总是找各种理由来推迟行动，比如说你还没有准备好，或者你还没有足够的资源，或者你还没有找到最佳的方法。你告诉自己，你只是想要做得更好，更完美，所以你需要更多的时间和精力来计划和准备。你可能觉得这是一种负责任的态度，但是实际上，这可能是一种自我欺骗的行为。你可能不是真的在追求完美，而是在用完美作为借口，来逃避你真正想要做的事情。

我一直喜欢写作，从小就有很多想法和故事想要表达出来。但是，我也一直很害怕别人的评价和批评，担心自己的作品不够好，不够完美，不值得被看到。所以，我总是找各种借口来推迟或放弃我的写作计划，比如说没有时间，没有灵感，没有技巧，没有读者，等等。

有一天，我在网上看到了一个视频，是一个著名的作家分享他的写作经验和建议。他说了一句话让我印象深刻，那就是："别把完美当作借口。"他解释说，很多人想要写作，但是又害怕自己的作品不够完美，所以就一直拖延或放弃。他说，这其实是一种逃避责任的心态，因为你永远不可能写出完美的作品，只有通过不断地写作和改进，你才能提高你的水平和信心。你应该把写作当作一种乐趣和挑战，而不是一种负担和压力。你应该勇敢地讲出你的故事，因为你的故事是独一无二的，有价值的，有意义的。

我听了他的话，感觉像是被打醒了。我意识到，我一直在用完美主义来掩盖我的恐惧和不自信。我意识到，我如果不开始写作，就会错过很多机会和乐趣。我意识到，我应该相信自己和自己的故事。

于是，我决定放下我的借口和顾虑，开始了我的写作之旅。我每天都会花一些时间来写一些东西，不管是日记、随笔、小说、诗歌、还是评论。我也会把我的作品分享给我的朋友、家人、或者网上的读者。我不再害怕别人的评价和批评，而是把它们当作一种反馈和学习的机会。我发现，写作让我更加快乐、自信、有创造力、有成就感。

当然，我并不是说我的作品都很好或者很完美。事实上，我知道我的作品还有很多不足和需要改进的地方。但是，这并不妨碍我继续写作和享受写作。因为我知道，完美只是一个理想，而不是一个目标。我的目标是讲出我的故事，并且尽力让它更好。

我因为想要做到完美而拖延。一开始我认为只有把每一个细节都考虑清楚，才能交出满意的作品。然而，这种想法往往是一种自我欺骗，因为完美是无法达到的。追求完美会让人陷入无尽的修改和纠结，导致效率低下，甚至错过最佳的时机。我认识一个画家朋友，他也和我有着同样的问题。

李华是一个有才华的画家，但他总是对自己的作品不满意。他觉得自己的画还有很多不足，需要不断地修改和完善。他总是等到最后一刻才交付自己的画作，有时甚至错过了截止日期。他的客户和朋友都对他感到失望和不耐烦，认为他是一个不负责任的人。

有一天，他遇到了一个老画家，对方看了他的画作，赞叹道：“你的画很有灵气，很有个性，我很喜欢。”李华很惊讶，问道：“你不觉得我的画还有很多问题吗？我觉得我还可以做得更好。”老画家笑了笑，说：“你知道什么是完美吗？完美是一种幻觉，是一种无法达到的标准。你永远也不会满意自己的画，因为你总是在追求一个不存在的目标。你应该学会欣赏自己的画，接受自己的不完美。你应该把你的画作当作一种表达，一种沟通，而不是一种考验。你应该按时交付你的画作，让更多的人看到你的才华，而不是把它们藏在你的工作室里。”

李华听了老画家的话，感觉豁然开朗。他意识到自己一直在用完美作为拖延的借口，逃避自己的责任和挑战。他决定改变自己的态度，更加自信和积极地面对自己的画作。从那以后，他的画作越来越受到欢迎和赞誉，他也成为了一个成功和快乐的画家。

完美主义并不是一种美德，而是一种障碍。研究表明，完美主义与许多心理和身体问题有关，如焦虑、抑郁、压力、低自尊、身体形象问题、饮食障碍、失眠、慢性疲劳等。完美主义也会影响人们的工作和学习效率，因为他们会花费过多的时间和精力在无关紧要的事情上，而忽略了重要的目标和任务。完美主义还会损害人际关系，因为他们会对自己或他人有过高的期待，导致沟通和合作困难。

那么，如何克服完美主义呢？这里有一些建议：

1. 重新定义成功。成功不是一种绝对的状态，而是一个相对的过程。你不需要做到最好，只需要做到足够好。你可以设定一些合理和可实现的目标，并庆祝你所取得的进步和成就。

2. 接受不完美。不完美是人类的本质，也是生活的一部分。你可以认识到自己或他人的缺点和错误，并从中学习和成长。你可以把不完美看作是一种机会，而不是一种威胁。

3. 享受过程。不要只关注结果，而要关注过程。你可以找一些让你感兴趣和快乐的事情，并投入其中。你可以把工作和学习看作是一种探索和创造，而不是一种考验和竞争。

4. 求助于他人。不要孤立自己，而要寻求他人的支持和帮助。你可以与家人、朋友、同事或专业人士分享你的想法和感受，并听取他们的建议和反馈。你也可以向他人学习和借鉴他们的经验和方法。

5. 放松自己。不要给自己太多的压力，而要给自己一些休息和放松的时间。你可以做一些有益于身心健康的活动，如运动、冥想、呼吸、音乐、阅读等。你也可以用一些积极和鼓励的话语来安慰和激励自己。

总之，把完美当作借口是一种自我设限的行为，它会阻碍我们实现自己的潜能和目标。我们应该把完美当作动力，用积极的态度和方法来面对不完美的现实，不断地提高自己的水平和能力。这样才能真正地走向成功和幸福。

第八章 堵住拖延心理的冠冕借口：让借口没有说出的可能

任何拖延的理由，都只是一个借口

永远也不要想着将今天的工作拖延到明天再去做！如果在工作中你总是指望着明天，那么你就已经失败了——因为明天之后总还有另一个“明天”。一个不为自己找借口的人往往是从今天、从现在做起的！我们没有其他选择，因为对于现在的我们来说时间是有限的，而我们正是在这有限的时光中能够有所作为！而拖延则是成功的最大劲敌，任何拖延的理由都会有一个借口！这是工作中最不可饶恕的恶习。

比如：“我忙了一天，都快要累死了，这点事还是留到明天再处理吧！”上班族说。

“这个事情投入太大了，反正不着急，还是留到以后再做吧！”公司老板说。

“家里昨天我就打扫过了，还算干净，今天就不打扫了。”家庭主妇说。

“假期还很长，作业今天不写也没关系。”学生说。

诸如此类。

很多人都会为自己的拖延寻找各种各样的借口，所以，千万别把任何计划的起点都定在明天，因为当你正计划着明天的种种

“美好”时，在不知不觉中就为自己找了借口，而时间也会渐渐地从你的借口中悄然流逝。

今天的工作没有处理完拖到明天解决的话有可能变得更加困难，而且明天还有明天的事情。长此以往，事情就会越积越多，当你每天都在压力下处理繁重的工作时，渐渐地工作就会变成沉重的包袱，而拖延就是勒在你脖子上的绳索，让你不堪重负，让你喘不过气来！

海尔总裁张瑞敏在空闲时间里会去巡视一下自己的公司。

有一天深夜，他发现一间办公室里的灯还亮着，可能是员工下班的时候忘记随手关灯了。一向严厉的张瑞敏肯定不会饶恕这种浪费行为。

他走到那间办公室门口，推开门一看，一位员工正在打字机前忙碌着。

“我们并不鼓励疲劳工作。”张瑞敏轻咳了一声。

“对不起，董事长——由于多了一份资料需要处理，所以我打算留下来做完。”

“那也可以等到明天上班的时候再做啊。”张瑞敏的口气缓和了下来。

“因为这是今天的工作，我必须今天做完，明天还会有新的工作要完成！”那位员工毫不犹豫地说。

张瑞敏震惊于这位员工对工作负责的态度和毫不拖延的工作作风！

第二天，这位员工就成了张瑞敏的私人助理。

一个国家的法律，不论多么公正，如果迟迟得不到执行，就永远不可能防止罪恶的发生！一张藏宝图，即使是所罗门的羊皮卷，如果拖延着而不马上动身去寻找，就永远不能带来任何财富！一个人，即使拥有渊博的知识、丰富的经验，如果每件事情都拖延，也只能落在别人的后面，永远与晋升无缘！

如果公鸡每天拖延两个小时才开始报时，那么世界会变成什么样子？同样，不难想象，如果凡事拖延，我们的人生又将是什么样子！

执行就是一场战斗，要想取得胜利，必须要有高效的、战斗力强的人。因为一场成功的战斗是绝对不需要那些拖拖拉拉、没有时间观念的人的。

成功的人每时每刻都在重复这句话，直到它如同呼吸一般，成为一种赖以生存的本能，成为一种终生相伴的习惯！

千万别试图为自己寻找任何拖延的借口——尽管可以毫不费力地找出成千上万个，任何拖延的理由绝对都是借口！成功不能等待，如果你拖延，成功就会投入别人的怀抱，永远弃你而去！

找一堆理由辩解，真的可以把责任推干净吗

“如果不是昨天停电了，我一定会完成工作的。”

“如果不是因为堵车，我一定早就接到了客户。”

“如果不是用户太挑剔，我肯定能及时完成的。”

如果别人那里不出现纰漏，你一定不会出现这样的问题，不论是什么原因，总之，你没做好的原因肯定不是你的问题。很多人总是找借口，而且可以毫不费力地为自己的失误找到合理的解释。于是，他们可以心安理得，可以安于现状，可以安心地去做别的事。但是，你一定要记住：借口越多，你成功的概率越小！

趋利避害是人的本性，工作中，我们遇到的挫折实在太多，在我们的某项工作不能按时完成，要面对同事和老板的指责时，找借口掩饰是人的本能。你可能会因为成功地“骗”过了上司而感到庆幸，殊不知，这样的借口将毁了你多少机遇，使你的成功成为泡影。

无论你犯了什么错误，都不要找借口，哪怕是看起来有很合理的理由，因为找借口对你的失败已毫无益处。你只有克服掉可以作为理由的所有困难，才能逐步靠近成功，否则成功将离你越来越远。

人都是要面子的，大部分人在工作中出现错误时，都会找出一大堆理由来为自己辩解，并且说起来振振有词、头头是道，认为这样就能把自己的错误掩盖，把责任推得干干净净，但事实并非如此。也许同事会原谅你一次，但不会一而再、再而三地原谅你。你为自己寻找理由开脱，不但不会让事情朝着好的方向发展，而且还会让事情恶化。如果你能承担自己的责任，通过所犯错误得到教训，在今后的工作中才能更加谨慎，这时别人才能接纳你、包容你。

美国有几家大型航空公司，如美联航、美洲航、三角等，它们每家都拥有数百架的飞机，和它们相比，仅有约30架飞机的捷蓝航空公司在美国航空界实在是不足为道。但就是这家成立不久的小公司，自2001年“9·11”事件以来，在一片低迷的航空市场上的表现让人吃惊。据数据显示，在2002年捷蓝航空公司前三个季度的总营业额已近5亿美元，收入达到了4000万美元，一举超越“老大”西南航空公司，名列全美第一。

2007年2月14日，一场突如其来的冰雹突袭了纽约肯尼迪国际机场，而捷蓝航空公司的最大枢纽所在地也恰恰是这里。机场跑道结冰，多架航班延误，1000多架航班被取消，导致很多乘客在停机坪上的等候时间长达11个小时，这一事件对于航空公司而言无疑是致命的，继而引发了公司股票下跌，经营管理陷入混乱。

这是不可抗拒的天灾，但捷蓝航空公司并没有以此作为理由来推脱责任，而是主动承担责任。公司高层迅速做出反应，在一些主流媒体里主动承认错误，并承诺，旅客的损失一律由公司承担，此外捷蓝也做出了赔付价值1600万美元的机票券及承担400万美元的其他开支的实际行动。

通过这次事件，捷蓝进行了大刀阔斧般的改革，使公司在未来遭遇类似事件时能更好地掌控局面。比如说整顿信息系统，将公司网站升级，可以在网上更改或预订机票。除此之外，如果再次遇到类似事件，捷蓝“特勤”队将在第一时间奔赴机场，帮助进港飞机做好再次起飞的准备。

很多人都喜欢在实际工作中为自己所犯的错误进行辩解，因为他们认为承认错误有失自尊，面子上过不去，害怕承担责任，害怕受惩罚。其实这时的解释并不能起到什么作用。只要勇于承认错误，你在别人心中的形象并不会因此而贬值，反而会赢得别人的尊重和信任，你的形象会在别人的心中高大起来。

马尔斯是一家商贸公司的市场部经理，因为偶然的疏忽，他犯了一个错误——没经过仔细调查研究，就批复了他手下一个业务员为纽约某公司生产10万部高档相机的报告。然而等产品生产出来准备报关时，马尔斯才知道那个职员早已被“猎头”公司挖走了，他手上的客户名单也随之而去了，如果那批货被运到纽约，根本就不会有人购买，货款自然也会打水漂。

马尔斯为这批货焦虑了好几天，一时也想不出补救对策，正在这时，老板到他的部门例行视察。马尔斯经过考虑，决定全盘托出，他立刻坦诚地向老板讲述了一切，并表示：“这是我的失误，我给公司造成了损失，但我一定会尽力让公司的损失降到最低。”

老板被马尔斯的坦诚和勇气打动了，答应把这件事全盘交给他，让他负责到底，马尔斯从自己的账户里取出一笔钱，马上去了纽约。他找了很多关系，经过积极争取，为那批高档相机联系好了另一家客户。一个月后，这批照相机以比那个跳槽的职员在报告上写的还高的价格转让了出去。最终马尔斯得到了老板的嘉奖。

在职场生涯中，没有人会希望自己是“捅娄子”的那个人，不过我们在办公室中接电话、打订单、收发信件……总是有“八百件”事情同时在处理着，除非你是机器人，否则总会有出错的时候。在工作中，就算你找出千万个理由为自己辩解，错误也不会消失，你还不如立即行动，尽自己最大的努力，使错误的损失减少到最小。只要你能够妥善处理自己的过失，即使最后还是必须为错误付出代价，至少你在同行眼中会留下负责任的好名声，这个好名声会一直跟随你，助你尽早成功。

任何人都会做错事，只是每个人对待它的态度不同，例如有些人明明知道自己做错了，却硬说是别人的错，工作失误时，推脱说上司或同事交代不清楚。其实，为自己找理由辩解并没有勇于承认错误高明。如果你觉察到有人认为你做错了，或者想指出你做错时，你就应该首先自己讲出来。只要勇于坦白，不管是上司还是同事，他们对此会宽宏大度，因为具备认错勇气的人毕竟是可贵的。但是，如果你不仅意识不到自己的错误，还试图为自己的错误辩解，那么你只会在错误中越走越远。

勇于承担自己的错误，它比借口更令人尊敬

没有人想出错，每个人都希望自己做的事情百分之百正确，可是事与愿违的情况在我们身上发生的频率太高了，以至于我们想对自己的错误视而不见都很难。不过，犯错虽然在所难免，可是犯错后人们的反应可谓千人千面：有的选择掩耳盗铃不去面对，有的选择文过饰非拼命掩饰，有的宁死不屈死不认账，有的直截了当乖乖道歉……

在错误发生之后，选择不同的方式会产生不同的结果，而且根据情节的严重程度和当时的具体状况，每一种处理方式都有它的利弊。比如，一件小事你耍了个心眼儿掩饰过去了，原本造成的伤害就不大，你又将自己的错误掩饰得很好，那么别人对你的印象自然一如既往的好。如果这个错误造成的影响很严重，你又死不认账，也许你可以暂时不用承担责任，但是必须忍受别人在背后对你指指点点。

如果你选择承认错误，也许别人会因此怀疑你的能力。其实我们是非常害怕别人对我们的能力进行质疑的，也害怕因此而让别人看扁了自己，更害怕随之而来要承担的责任，所以很多时候我们的内心对承认错误是非常排斥的。可是从长远的利益来看，

直接道歉其实是最明智的一种选择。因为虽然表面上我们好像失去了形象分，能力也受到了质疑，但是我们因此获得了谅解和改正错误的机会，还会因为勇于道歉而得到信任和尊敬。

正如银行家特里的一句管理名言："承认错误是一个人最大的力量源泉，因为正视错误的人将得到错误以外的东西。"这就是道歉定律，在这里也被称为特里法则。我们因为正视错误所得到的，除了别人的信赖和尊敬，更获得了端正的态度去改正错误，也避免再犯同样的错误。可见，其实道歉是从失去到得到的转折点，你失去的只是这件事的成功和一点点安全感，但是得到的是更多的回报。看看马修是怎么从失去当中得到的吧！

马修是一家公司的会计，他在核对员工工资表的时候，因为疏忽错误地给了一位请病假的员工全薪。当他发现这个错误之后，立即找到这位员工进行解释，并且要进行纠正——多发的薪水会在该员工下个月的薪水中扣除。这让这位员工非常不满，因为他的薪水都是有安排的，而且由于生病，他最近的财务已经很紧张了，如果下个月的薪水一下子被扣去很多，会让他出现严重的财务问题。所以他请求马修分期扣除多发的薪水。

但是这样一来，马修就必须向上司请示了，这样就等于让这个本来可以神不知鬼不觉地掩饰过去的错误大白于天下。告诉上司自己犯了一个多么愚蠢的错误，这会严重影响一向对马修信赖有加的上司对他的印象的。马修一开始也很犹豫，可是错误是自己造成的，而且给别人造成了困扰，自己当然不能坐视不管。所以，他先向这位员工道了歉，并且承诺会尽全力向上司争取，这位员工自然是感激不尽，而且放下心来。马修很快来到上司的办公室，将事情的来龙去脉解释清楚，随后对上司说："对不起，都是我的错。”

上司听了非常恼火，他是很信任马修的，所以在心里希望为他开脱，他大骂人事部门的人没有将事情办好，但是马修非常诚恳地继续道歉：“我非常抱歉，以后这种事情绝对不会再发生！但这一次，确实是我的错！”

“好吧！”上司说，“没错，这的确是你的错，那么现在你就将功补过，这件事情全权交给你去处理，别再办砸了！”于是，马修根据员工请求和公司规章很快将这件事情处理好了。错误得到了及时改正，并且没有给任何人造成麻烦，马修做得很漂亮，既获得了上司的信任又得到了那位员工的感激。自那之后，大家对他更加信赖，老板对他也更加器重了。你说，马修是不是因祸得福呢？

其实这当然不是因祸得福那么简单，做错了能及时道歉不仅可以清除自身的罪恶感，也有利于解决因错误所造成的问题，更能为自己建立起一个诚实守信的形象。试想：人们是愿意跟一个巧舌如簧，表面上不会犯任何错误的人交往，还是喜欢跟一个看起来不那么聪明甚至常常犯错却从不掩饰、及时道歉并修正错误的人交往呢？现在你知道如何做了吧？

无条件地服从，从不寻找借口地行动

除了服从没有任何借口，服从等于 100% 地接受！“没有任何借口”是对服从最好的注解。

上司费神地讲了一大堆道理给你听，这是他对你的尊重。这时，你就无须讲很多理由去分散他的讲话精神了。“服从”所表现出来的，是你对工作任务 100% 地接受。

大多数人都认为，上司下达的命令只要是对的就去服从，不对的就不服从。其实这种观点存在认识判断标准上的错误。对于上司下达的指令我们应该无条件地服从，然后立即去行动。

当遇到糟糕情况的时候，“我不知道”“我不知道怎么会这样”“我想尽了办法，但不知道怎样才能改善”是上司听到最多的话，或许就像你所说的那样，事实确实如此，但不可原谅的是你的态度。遇到问题时，要想办法解决，而不是两手一摊，推卸责任。

张路是一家大型公司的工程部副经理。一次，他的上司安排他去外地处理一项难缠的事件，一桩工程引发的公司与当地居民的纠纷。本来，这些事务并不在他的职责范围内，但公司一时找不到合适的人选，总裁认为他能言善辩又极懂得周旋，便让他暂时放下手中的工作，到外地与分公司的几位负责人共同协商，妥善处理这件对公司业务发展至关重要的事务。

到了当地之后，张路自恃是总部的人，根本不屑与分公司的几位负责人一起协商处理此事，而是独断专行，加上对当地的民俗民情并不了解，事情不但未能妥善处理，还与当地民众爆发了冲突。

当总裁责怪他把事情办砸时，他怕影响到自己以后的升职和加薪，便把责任统统推到分公司的几位负责人身上。总裁对事情进行了一番详细的调查后，了解到事情的全部过程，知道如此严重的后果完全出于张路的自作主张时，便把他责罚了一顿，还因此对他的人品和能力提出了怀疑。

没过多久，因为公司工程上的一些业务需要，张路又与当初分公司的那几位负责人进行了合作，然而人家都想着趁这次机会来借机报复他。结果，业务受到重创，迫于无奈他只能辞职，离开了这家极有发展潜力的公司。

自己把事情办砸了，诿过于同事，结果给自己带来了麻烦。张路由于推诿工作责任，被老板认为是缺乏责任心，最终只有选择黯然离开。

在职场中，像张路这样的员工并不少见。在现代企业里，老板越来越需要那些敢作敢当，出现问题总是积极想办法解决，而不是把责任推给别人的人。

美国塞文事务机器公司前董事长保罗·查莱普曾说：“我经常告诫公司的员工，如果有人说‘这不关我的事，是他的责任’，这话被我听到的话，我一定会立即开除他。很明显，这样的员工完全没有责任心，对公司貌似也没有多大兴趣。我绝不容许我的员工看到一个喝醉的人去开车，或者一个没穿救生衣的 2 岁孩子在码头玩耍而放任不管，那种行为是可耻的，你应该去保护那个孩子。”

“同样的，不论是谁的责任，只要和公司的利益有关，你就有义务维护。因为，如果想得到提升，就必须付出你的责任。如果你想得到老板的赏识，没有捷径，只能通过积极寻找并抓牢促进公司利益的机会，即便是不在你的责任范围之内，你也要这么做。”

现实生活中有这样两类人：一类是做任何事都不会为自己寻找借口的人；另一类是做什么事都会为自己寻找借口开脱的人。对于企业来说缺少的正是那种想尽办法去完成任务的员工，而不是去寻找借口的人。

有着强大执行力的人在工作中从来不会为自己寻找借口，他们总是能够将老板布置的任务做到超出老板的预期，把每一项工作尽力做到“满意加惊喜”，而不是寻找借口推诿。“没有任何借口”去做事情的人，他们所体现出来的是一种诚实、服从、负责敬业的精神，他们有一种完美的执行力。

“没有任何借口”理念的核心是敬业、责任、服从和诚实。而正是这一理念提升了企业的凝聚力，同时这也是建设企业文化的最重要的准则之一。

借口是拖延滋生的温床，一个习惯拖延的人常常也是制造借口的“专家”，这样的人一般在做出决定或者是做出抉择要付出劳动的时候，总是习惯性地找借口来安慰自己。有了这样的习惯，做起事情来就会毛毛糙糙，不能按部就班地完成。

替自己找借口的唯一好处就是可以将责任推卸掉，这也是为什么会有那么多为自己找借口的人。这样的人，在企业里是不会被看好的，更不会得到老板的期待和信任！所以，遇到什么事情千万别为自己找借口，有找借口的时间还不如努力工作，因为工作中本来就没有借口，人生中更没有借口，失败不会因为借口的存在而远离，成功也不会属于那些寻找借口的人！

担起你的责任，这里是无借口区

我们在生活中观察，发现那些成功者往往是有担当有责任心的人，而那些碌碌无为者，总是会为自己找很多借口来解释自己的失败或平庸。比如，上班迟到，会有堵车、闹铃坏了等借口；工作没完成，会有难度太大、资料不全等借口。长此以往，就会形成每个人都去努力地寻找借口，以此来掩饰自己的过错的局面。

可事实上，这样为逃避责任而寻找借口的人并不在少数，他们一般在出了问题时能推脱责任就不承担责任。其实，责任不是我们想扔就可以扔掉的。如果你放弃了自己对工作的责任，也就意味着放弃了更好的发展机会。只有那些在工作中勇于承担责任、对工作充满责任感的人，才会被赏识、被重用。

经常听到这样的话："这不归我管""我很忙，实在没时间考虑得那么全面""我试过了，真的没办法。"其实有些事情，很多人不是不会做，也不是没办法做，而是不想对做事的结果负责。这些员工，何来敬业可言？

我有一个朋友叫叶丽，她一毕业就进入了一家建筑公司，同时招聘进来的还有好几个大学生，在老员工的眼里，这群大学生被称为“草莓族”，因为他们青涩、幼稚，基本没有工作经验。

这群“草莓族”一开始都被分配到不同的岗位，大多数都在基层部门。叶丽被分配到行政部门作行政人员，实际上也就是打杂的职位，她却完全不像其他的“草莓族”同事，一边抱怨工资太少，一边躲在电脑前聊QQ。

叶丽的工作非常枯燥，她每天上班的任务就是拆应聘信并翻译，量大枯燥、索然无味，却忙得四脚朝天。可是叶丽不急不躁，一直耐心仔细地做，有空闲的时间了，她还会给老员工打下手，问问他们有什么需要帮忙的。

年后，叶丽被提升为办公室副主任。升迁的原因是：一个名牌大学毕业的硕士生，每天不厌其烦地拆信，并坚持把优秀的应聘者推荐给上司，将她出色的管理的才能展示出来，因而受到了赏识。

虽然升职了，叶丽依然是大家眼里最负责任的出色员工，她常常在工作中鼓励员工们学习和运用新知识，还常常自拟计划，自己处理一些业务上的事情，请大家给她提建议。只要给她时间，她便可以把上司希望她做的所有事做好。

总裁认为：叶丽始终忠于职守，把自己责任范围内的事情做得有声有色，这样的人是每个企业都渴望得到的人才。

就这样，叶丽通过勤奋的工作抓住了一次次的机会，用了短短的5年时间，便升迁当了公司的副总经理。而这时，和她一起进公司的同学最好的也只是公司里的小头目而已。

职场上，老板对员工的评价不是看他是否是新人及是否具备相应的资历和年限，而是看他是否有责任心。如果你能做到对承诺的事情认真负责，结果绝对不会令大家失望，当同事与你约定了工作任务，你能一一遵守，那么，你就是大家眼中有责任心的员工。

对于员工而言，工作做不好的原因就是没有责任心，没有责任心会阻碍他们的潜力发挥出来。当今社会充满挑战，想要让自己脱颖而出，就一定要付出超出常人的努力，不能有一丝懈怠，并勇于在工作中承担困难。

职场中那些取得成功的人，不仅养成了尽职尽责的工作习惯，而且还把这种习惯延续到了生活中。比如，许多人外出总要带上一只旅行杯，旅行杯的盖子一定要盖好、拧到位，否则杯里的水就会洒出来，旅行杯的盖子如果拧不到位，就等于没盖盖子。由此可见，工作中有哪个环节没做到位的话，就不会收到预期的效果，甚至所有的努力都会付之东流。

我以前写稿的时候，认识了某出版社的编辑李利。他伶牙俐齿，文章写得也不错，人也很聪明，但是他也有不少和聪明人一样的毛病，对自己的工作马虎大意，而且喜欢狡辩。每次当主编指出他负责的稿件中“的”“地”“得”混淆的错误之后，他总说：“这个不算什么大问题啊，你为什么不看我文章写得怎么样，老盯着这个？”主编看着他笑笑说：“是不是要我重新给你上语文课？”

当主编第 3 次指出他的这个错误时，李利的“聪明才智”立即又体现出来：“前几天我问过我一个做出版的朋友，他说现在已经通用了。”主编耐着性子没有当场指出他的错误：“那我们以市场为标准，让客户来评判我们的产品质量，如果有一个读者认为这是个错误，我们以后就必须严格改正。”他愣了片刻，然后“哦”了一声，算是同意。

李利还没有等到读者对文章质量的反馈结果，老板就找他单独谈了一次话，谈话内容是就他的工作态度来讨论他的去留问题。可想而知，老板一谈这个问题，李利还是大声说："我知道啊，但我觉得这些都是小事情，我写的文章，读者还是认可的。"然而，李利还有好多事不知道：他不知道主编已经在网上搜索出他的稿子是抄袭的；也忘记了他自己弄乱了工作流程，稿子没有交给主编审核就送去排版；更不记得他们老板会定期重点研究谁的稿件严重违规。

李利就这样"被离职"了，但他并不担心，因为他已经做了准备，当他发现公司上下都对自己怨言相向时，就立即开始寻找新的工作，但是结果如何呢?

一个月之后，一家文学网站的一个项目总编在网上找到李利以前工作单位的主编，问他："前两天招聘进来的李利，文章写得不错，听说以前做过杂志，你现在在负责这本杂志吗?"

"是的。他以前是我手下的编辑。"

"他为什么离开你们单位了?"

"被解聘了。"

"哦? 为什么?"

本着给年轻人多一点机会的心理，主编没有向这家网站透露李利的工作表现，但按李利一向的工作态度和原则，结果是可想而知的。

对于老板而言，他希望自己的每一个员工都是认真负责的。虽然他会赏识你出众的才华，但他也绝对会反感你的投机取巧。每到年底，都会进行年终总结，当老板向大家询问"你对于工作是否努力"时，众人的回答都是"我已经努力地完成了工作"。然而，老板这里所指的努力，是超于及格的那种努力。在现实中，即便我们认为自己已经非常努力了，但是只要有一点的疏忽，那么我们最终还是会在竞争中失败，自己之前已经付出的努力也将全部化为泡影。

在职场上，不论大事小事，都是自己的事，而不是老板的事。所以，你必须在工作中付出无人能及的努力，也就是说你必须时时刻刻都保持着责任心，不让自己有任何懈怠。当你需要开创一项新的事业或者捕捉一个巨大机会时，责任心就起了大作用，责任心会促使你迅速果断地担负起责任，不仅要制订出未来目标，还要找出实现这个目标的有效方法和途径。

每个人都有自己的职责，你要做的就是完成它

在社会上，每个人都有自己的职责，有些事情我们可以不去做，但责任要求我们去做，甚至会要求我们完成一些以我们目前的能力来说很难完成的事情。如果你能做到，你的心里不仅会安然坦荡，别人也会因你的精神而受到感染，然后给予你相应的回报。

福特是个销售员，他经常去一家小酒馆喝啤酒，这家酒馆的店主特别小气，每次都缺斤短两。有一天，福特问店主："先生，您的啤酒月销售量是多少桶啊？"

"10 桶，先生。"店主回答说。

"那么您希望能卖 11 桶吗？"

"当然，先生，您能给我出个主意吗？"

"可以，那我就告诉您怎么办，"福特说，"给足分量！"

作为一个生意人，交易的首要原则是童叟无欺、货真价实。这是你的职责所在，你的价值和能力就体现在承担责任上，如果你不承担责任，别人会给你相应的回报吗？能够想到这一点，你

就应该认认真真地把工作做好，并为自己感到骄傲，因为你的工作对于别人来说是有价值的。一个能让别人感到满意的人，他就是负责任、值得被尊敬的人。

如果你不管做什么，都能尽职尽责，那么不但能让别人从中获取到幸福感和满足感，也能让自己获得极高的成就感，同时，这可以满足你对自尊的需要。另外，如果你把承担责任视为快乐和幸福的事情，你就不会感到郁闷，承担责任也可以让你从中获得幸福和快乐，这种双向平衡的选择，何乐而不为呢?

不管个人能力大小、学位高低，生活都会给你一个相应的立足点。这位置在哪儿对你将来的成功来说并不重要，重要的是你要始终和责任站在一起。不管身在什么位置，你都必须尽心尽力做好自己的工作，承担责任也是你的职责所在，同样也是对自己负责任的表现。

有一艘军舰，军舰上的士兵们都喜欢趴在甲板上做俯卧撑。海上要是没风浪的话还好，但是遭遇风浪的话，船就会开始摇晃，船员们做俯卧撑就会很困难。尤其是在一个大浪打过来的时候，船员们常常会左摇右晃。

后来，有个军官建议，每个船员在做俯卧撑时握着前面船员的脚踝，这样就会形成一个稳固的结构，就像钉子一样牢牢地嵌在甲板上一样，再也不必担心被晃散了。

这个故事看似只是生活中的一个小常识，实际蕴含着很深刻的含义，我们可以从两个方面分析：

一方面，一个团队的全体成员必须相互依靠彼此的力量，才能结成一张牢固的网，抵挡海上的风浪，同时彼此之间也才能产生相互影响的力量。所以，每个人都必须把守好自己的岗位，不仅为了自己，也为了别人。

另一方面，随着分工的精细化，一个团队的协作越来越重要。没有团队合作，效率从何谈起呢？因此，只有每个人都完成自己的岗位工作，才会为团队贡献一份力量。

也许你会认为，现代社会没有什么能约束你，可是如果你在工作中找一些理由来推脱责任，你的心中就不会有愧疚感吗？

不管我们是出于什么动机选择了现在的公司，既然在公司里有我们的位置，给我们设置了岗位，我们就必须严守岗位职责，要接受它的全部，而不是仅仅享受它带来的薪水和快乐。

企业中，一个优秀员工最不可或缺的东西就是责任心，恪尽职守是一个人价值观的体现。那些恪尽职守的人，短时间来看可能会损失一些个人利益，但是从长远发展角度看的话，他们会有更广阔的发展前景。

故事发生在美国鞋业大王罗宾·维勒的工厂里。当时，罗宾的事业发展得不是很好，为了打开局面，他多方考察，设计出与市面上不同的鞋样，制作了几种款式新颖的鞋子投放市场，结果订单纷至沓来，以致工厂生产忙不过来。

为了解决这个问题，工厂从外面招聘了一些生产鞋子的技工，但是生手的速度和质量完全不能和熟手相比，虽然工厂加班加点地对他们进行了培训，但还是远远不能满足客户的需要，生产出来的鞋子合格率很低。如果再这样下去，工厂就不得不给客户一大笔钱作为赔偿。

于是，罗宾召开了工厂全体工作人员会议，以此来商讨相关对策。从主管到工人都畅所欲言，讲了很多办法，但都行不通。

这时候一位年轻的小工举手要求发言。

“我认为，我们现在的主要问题是鞋子的合格率太低，应该规范工厂的模式化生产，让工厂出品的每一双鞋子，质量都完全一样。”

“不可能，”一个主管反驳道，“现在我们的技工人手都不够用，要把鞋子的质量提高，我们只能花高价钱去请来熟练的工人，这样的话，利润就会降低了。”

“增加技工只是手段之一，我们还有别的办法。”小工说。

大多数主管觉得他的话不着边际，但罗宾很重视，鼓励他讲下去。

小工小声地提出：“现在已经有很多工厂用机器制作东西了，我们可以用机器来做鞋。”

用机器制鞋，在当时可是从来没有过的事，这立即引起大家的哄堂大笑。

罗宾没有跟着笑，反而受到了这个小工的启发。罗宾说：“这位小兄弟提出的问题虽然现在不是很现实，指出了我们以后的发展方向。靠人力制鞋，迟早是满足不了社会需要的。尽管他不会制造机器，但他的思路很重要。而且，向工厂提意见，是每个工人的职责，他圆满地尽到了他的职责，我要奖励他1000元。”

于是，根据小工的建议，罗宾立即组织专家研究生产鞋子的机器。从此，制鞋业迈入了机器生产的时代，罗宾也因此跻身世界鞋业大王的行列。

根据公司内部出现的问题提出相关建议，这是每位员工应尽的义务和应有的权利。只要是对公司有所帮助，就应该大胆提出来。如果你总是以你的职责要求自己的工作，并不折不扣地将之执行，我相信，你一定是一个可托大事的人。

我们多数人的心里一直存在这样一个误区——职场的成功与否体现在职位高低上。所以，职位和权力是职场上大家努力争夺的目标。但从来没有人意识到职位、权力背后的东西。

职位的最好解释就是在其位，谋其职。责任的轻重意味着职位的高低，权力的另一面体现在必须承担的后果上。比如说，在公司一个项目总管有权指挥团队的行动并分配工作，但他同时要担负的责任是保质保量地按时完成任务，让团队的每个成员发挥力量。如果你有勇气，也有上进心，努力想升一个更高的职位上去，那就准备好承担将要承担的责任吧，你会更明白你工作的意义及存在的价值。

把借口从你的字典中彻底剔除

人生在世，每个人都必须具备责任感，这不仅是对他人负责，也是对自己负责。而借口与托词，则是责任的天敌。然而，在我们的生活中，总是为自己的拖延行为找借口的人到处都是。这就是不负责任的表现。当他们接收到任务以后，并不是立即、主动地处理，而是不断地拖延，并为自己的拖延找借口。致使工作无绩效，业务荒废。可想而知，这样的人怎么可能有工作和事业上的突破？

生活中，无所不在的借口像空气一样弥漫在我们周围。借口变成了拖延的一面挡箭牌，事情一旦没完成，就能找出一些冠冕堂皇的借口，以换得他人的理解和原谅。找到借口的好处是能把自己的懒惰掩盖，心理上得到暂时的平衡。但长此以往，因为有各种各样的借口可以找，人就会疏于努力，不再想方设法争取成功，而把大量的时间和精力放在如何寻找一个合适的借口上。

有命令就要去执行，这是我们每个人都应该遵循的做事准则。因为懒惰，你的那些借口虽然能为你带来一时的安逸和些许的心灵慰藉，但是会让你付出更昂贵的代价。

我的发小李晓成从上学到工作，一直在我们县城。他毕业后成了我们当地某机械公司的员工，现在已经有了五年的工作经验，五年来，他一直与单位的同事相处融洽，与领导也相安无事。可是这天，他失控了，他居然与领导拍桌对骂。

对于这一点，同事和领导都没觉得意外，因为李晓成对待工作实在太马虎了事了，无论做什么事，都是一拖再拖，还会经常耽误其他人的工作。原来的李晓成并不是这样的，他的改变是从一次意外事故后开始的。那天，李晓成上夜班，可能是因为太困了，一不小心，他从架子上摔了下来，幸亏架子不高，腿只是有点轻微的骨折，到现在，李晓成走路也看不出来异样。

然而，从那以后，不管领导安排李晓成做什么事情，他都以自己的腿不方便为由推脱，毕竟是因为工作出的意外，领导也不好说什么。

然而，时间久了，领导也对他有意见了。一天，他还是和往常一样，比正常上班时间晚了半个小时来到单位，到了以后，他接到一个电话，主任安排他随兄弟部门的车下乡一趟。于是，原本准备上楼的他就在单位门口等车。可是，一个多小时过去了，却没见到车的影子。于是，他就给主任打电话。谁知道，下乡的车早已经开走了。主任说："那你为什么迟到呢？"

李晓成赶紧来到主任办公室，想当面向他解释清楚。主任却说："今天，你必须得去。要不然就自己坐公共汽车去吧！"说完，又忙自己的事了。李晓成的怒火"腾"地一下蹿得老高。这明摆着就是在惩罚自己，而他并没有反思自己错在哪儿。"我不去。"他冷冷地说。"嘭！"主任猛地一拳捶在桌上，咬牙切齿地说："今天你去也得去，不去也得去。"李晓成气急了，也砸了一下桌子。

这一瞬间，主任吃惊地望着李晓成，与此同时，办公室外也已经挤满了来看热闹的人。

从那件事以后，主任好像有意冷落李晓成，他把办公室能处理的事情都交给别人做，这让李晓成寝食难安，最后，李晓成只好辞职，因为这家公司他确实待不下去了。

从李晓成的这个故事中，可以看出他总是拿曾经因工受伤这一借口拖延工作，因为拖延，他也与领导产生了纠葛，最终只得辞职。

在做事的过程中，经常找借口的后果就是逐渐养成拖延的坏习惯。初始阶段，你也许会有点自责，但随着拖延次数的增加，你会变得麻木，甚至到最后，你会认为自己做不到的原因正是借口中所说的原因。

“保证完成任务！”是美国西点军校学员们的标志性话语，这绝不是一句简单的口号，它是一名军人对命令的承诺，是勇士对责任的崇敬，是全世界的军人、战士对理想的执着。在西点军校中，任何命令都是言必信、行必果的军令状，只有执行，没有任何借口。在执行任务中，学员们遇到困难总是想尽办法克服，不惜一切代价坚决完成任务。

没有任何借口和抱怨，职责就是一切行动的准则！处在平凡岗位的人们，或许你经常感叹：为什么成功的机遇总是不光顾你？为什么领导不愿意让你担当重大事件的处理工作？为什么同事们不愿意信任你？不妨从现在开始反省一下，你是否有拖延、找借口的习惯？如果有，那就要把借口从你人生的字典中永远剔除。我们要从以下三个方面努力：

1. 要克服懒惰，选择行动

一个人之所以懒惰，并不是因为能力的不足和信心的缺失，而是在于平时养成了轻视工作、马虎拖延的习惯，以及对工作敷衍塞责的态度。要想克服懒惰，必须改变态度，以诚实的态度，负责、敬业的精神，积极、扎实的努力，才能做好工作。

2. 要端正态度，直面责任

“积极高昂的态度能使你集中精力得到自己想要的东西。”在工作中，应始终保持平常的心态，在任何时候，工作和责任始终捆绑在一起，工作越好，责任越大，没有工作也就无所谓责任，要敢于负责。

3. 要没有借口，立即行动

工作的最终目的就是把工作做好，实现最大的效益，任何的借口和拖延都将成为工作的敌人。工作的选择、工作的态度、工作的热情都建立在立即工作和立即行动上，只有行动才会让这一切变成现实。

第九章 治疗拖延心理的良药：打一剂高效执行的强心剂

实现目标的唯一途径，就是行动

南怀瑾先生曾说过："人类的心理都是一样的，多半爱吹牛，很少见诸于事实；理想非常的高，要在行动上做出来就很难。"

对多数人而言，生活的确如此，光说不做，这种人生是很可悲的。"只想不做的人只能生产思想垃圾。"布莱克说："成功是一把梯子，双手插在口袋里的人是爬不上去的。"

有个博览群书的教授与一个目不识丁的文盲相邻而居。虽然二人社会地位和家庭背景不同，他们的目标是一致的，那就是成为富人。

博学多识的教授每天都跷着二郎腿大谈特谈他那些关于致富的想法，文盲在旁边认认真真地听着，他对教授的学识与智慧十分敬佩，并且开始按照教授所说的致富设想干了起来。

十几年过去了，当初那个潜心听课的文盲成了一个百万富翁，而侃侃而谈的教授还在空谈他的致富理论。

思想很重要，但如果光有思想而不行动也是不行的。我们的本性不是消极等待而是积极行动。因为这种本性我们不仅能适应某种特定环境，还能让我们去创造环境。克雷洛夫说："现实是此岸，理想是彼岸，中间隔着湍急的河流，行动则是架在川上的桥梁。"

人人都有理想，人对生活的热情就是因理想而增加的，当我们面对考验的时候，理想会让我们去勇敢地面对。然而，我们应当把理想当作基础，然后展开行动，否则，任何美好的理想都是空谈。

我以前在网上看到过这样一个故事，说的是有个贫困潦倒的中年人，隔三差五地到教堂祈祷，而且他每次的祷告词几乎都是一样的："上帝啊，请您让我中一回彩票吧！阿门。"没过几天，中年人又垂头丧气地来到教堂，仍然跪着祈祷："上帝啊，为什么不让我中一回彩票呢？我愿意更谦卑地来服侍你！阿门。"又过了几天，中年人再次来到教堂重复他之前重复过很多遍的祈祷词……最后，当他再次祈祷上帝垂听他的祈求的时候，得到了上帝的回应。上帝说："你的祷告我听到了。但是你得先买彩票我才能让你中吧！"

虽然这个故事有些可笑，但我们不得不反思，生活中这样只想不做的人还是占多数的。这些人终日沉溺于幻想之中，幻想有朝一日成功会变成现实。但事实上，这些人根本不可能实现梦想，原因很简单，整日幻想而不付诸行动，哪里会获得成功。确定人生的目标是一件很容易的事情，但要实现它是很难的。如果确定了目标而不行动，那么连实现的可能性都不会有。就像那个祈祷上帝让他中彩票的人一样，一心想中，却从不买彩票。与其冥思苦想，还不如自己身体力行地去付诸行动。没有行动，再好的梦想都只是泡影。

只要你积极地做事，难的事情也会变得容易。当你在面对某个问题时，往往会有许多不同的选择，如果你总是犹豫不决，那就必定会造成时间的浪费，甚至错过绝佳的机会。如果你及时采取行动，你会发现做出决定和实施都会变得那样的简单。

生活就像骑单车，不能保持前行，就只会得到翻倒在地的结果，所以，工作时绝对不能把“蹬车”的脚停下来。做任何事情都要讲求时效，行动第一，绝不拖延，有了目标后就立马去做，也许你会说自己已经养成了拖延的习惯，不要紧，你可以在工作中慢慢地培养自己严格守时的观念，慢慢地你就会把守时当成是一种习惯。

心动不如行动，不去做就永远没有实现的可能。勇敢地迈出第一步，你的成功概率就会大大地提高。而如果只想不做，那你就永远都没有实现计划的可能。

思虑太多不等于周全，行动才有效果

在商场上，人就像是面对一项要如何去赢得胜利的挑战。正所谓“富贵险中求”，虽然不能盲目地冒险，但我们一定要具备冒险的精神，靠着自己这种敏锐的商业嗅觉才能捕获商机。而不思进取、安于现状的人，则总是和成功失之交臂。

福勒为了生存，决定经商生财，最后选定生产肥皂。首先，他采取自销的方法，经历了长达 12 年之久的挨家挨户推销肥皂。后来，他得知提供肥皂原料的那家公司即将以 15 万美元的价格被拍卖，他决定买下这家公司。但他在 12 年间，只积攒了 2.5 万美元。最后，那家公司和福勒达成了协议：他先付 2.5 万美元的保证金，然后限他在 10 天内付清余额。如果 10 天之内不能付清余额，那 2.5 万美元也将不予退还。

在福勒经商的这 12 年间，他结交了不少朋友，他从私交的朋友那里借了一笔钱，也从信贷公司和投资集团那里得到了援助。可在 10 天内福勒只筹集到了 11.5 万美元，也就是说，还差 1 万美元。

夜间，福勒驱车向 61 号大街的方向驶去。一所承包商事务所映入他的眼帘，于是他停下车走了进去。福勒觉得自己应该更勇敢些。“您想赚1千美元吗？”福勒直接向坐在里面的人发问。这句话吓到了那个人。福勒对那个人说：“那么，麻烦您开一张1万美元的支票给我。我将在偿还借款的同时，另付1千美元的利息。”这位承包商看了借钱给福勒的人员名单，并且详细地听他介绍了他的计划，终于答应了福勒的要求。

这次冒险没有让福勒破产，反而让他成为拥有7家公司和一家饭店股份的富翁。

风险与机遇并存。敢冒险，才能把握机遇，获得成功。丹麦著名哲学家克尔凯郭尔说过：“冒险就要担忧发愁；但是，不冒险就会失落自己。”稳扎稳打固然不错，但是求稳不能丧失进取。事实证明，在做事过程中，特别要具有摸索精神，为了成功冒险是值得的。

人们常说“做人做事要稳中求胜”，这样就没有风险、损失，也就不怕受到伤害，这种理想和愿望当然没错。但是过于谨慎和畏缩不前，只能是小打小闹。胆小的人向来注重办什么事都以安全为重，不去冒一点风险，殊不知事业的成功离不开机会，过度谨慎就会失去机会。

西方的谚语说：“幸运喜欢光临勇敢的人。”很少有人不想有所作为，但又很少有人敢冒风险。而通向成功多少要冒一些风险，平庸之人是绝对不愿承担风险的，所以，这些人终难成大器。一个人如果能摆脱失败恐惧的束缚，就能被激发出惊人的潜能。

一个成功的商人必须具备一定的冒险精神，否则，他将在机遇面前畏缩不前，最终与成功失之交臂。但是冒险精神不是探险行动，而是要去冒值得冒的险。也就是说，你作为企业的经营者，不仅要具有勇敢的精神，敢于冒险，还要有超前的眼光，去测定哪些险是值得冒的。

有一段时间，约翰·甘布士所处地区陷入经济危机中，很多工厂都倒闭了。那时，约翰·甘布士还是一名小技师。他马上利用这个机会低价收购各工厂抛售的货物，人们都嘲笑他的这种行为，他却置若罔闻，并租了一间很大的货仓来贮货。

他的妻子劝他，现在是经济危机时期，不要把钱全投在这上面。因为他们历年积蓄下来的钱数量有限。冒这样的险，有可能让自己血本无归。对于妻子的劝告，他无动于衷。甘布士安慰她道："3 个月以后，你等着瞧吧，到时候你就知道了。"

但是，过了 10 多天后，那些贱卖商品的老板因为找不到买家，便想把商品烧掉一些，以此达到稳定物价的目的。看到别人这样的行径，妻子开始抱怨甘布士。

终于，美国政府采取了紧急行动，稳定地方的物价，并且大力支持那里的厂商复业。这时物价仍在一天天飞涨。约翰·甘布士等的就是这一刻，他立刻抛售货物，最后赚了一大笔钱。

在他决定抛售货物时，妻子劝他不要这样做，因为物价还在涨。他平静地说："是抛售的时候了，再过一段时间，就卖不到这么好的价钱了。"果然没过多久，物价开始下跌。

后来，甘布士用这笔赚来的钱，开了 5 家百货商店，渐渐跻身全美商业巨头的行列。

充满机遇和挑战的 21 世纪是一个风险与机遇并存的时代。想要致富，冒险是必不可少的途径。致富的唯一途径不是冒险，但冒险增添了你致富的可能性。冒险有可能导致你倾家荡产，但成功者还是愿意冒险。可见，想要取得事业的成功，就必须敢于探索和冒险。

一再观望，永远等不到机会成熟

在通往成功的道路上，机会不会站在你的眼前等着你。机会只垂青于那些有勇气在第一时间抓住它们的人。机会好像蒙尘的珍珠，让人无法看清它华丽珍贵的本质。成功的人不会等尘埃完全散去才去拾起宝贵的“珍珠”，他们往往会先出手，再全力以赴冲向目标。时机永远不会成熟，明智的人也绝不会等待时机成熟。

多年以前，美国《纽约时报》曾为纪念电报诞生25周年发表过一篇简短的社论，其中传达了一个重要的信息：电报的诞生使得现在的人们每年接受的信息量翻了一番。看见这一消息后，有16个美国人都萌发了创办一份文摘性刊物的念头，他们都认为这类刊物必定有广阔的市场。

来自各行各业的这16个人各自开始着手行动起来，在不到3个月的时间里，他们都陆续领取到了执照。然而，当他们到相关部门办理有关发行手续时被告知，该类刊物至少要等到第二年总统选举过后才能在征订和发行上允许代理。

为了免交执业税，其中的15人听到这一答复后，暂时停止了行动，他们向管理部门递交了暂缓执业的申请。然而有一位叫德威特·华莱士的年轻人没有理睬这一套，他回到家，和他的未婚妻一起糊了2000个信封，装上征订单通过邮局寄了出去。

从此，世界出版史上的一个奇迹诞生了。到2002年6月30日，他们创办的这份文摘类刊物《读者文摘》已拥有19种文字、48个版本，发行范围达127个国家和地区，订户1亿人，年收入5亿美元。

都说有心人善于创造机会，无心人只会让机会白白溜走。其实文中提到的那16个人都算是有心人，但是在机会真正来临的时候，只有德威特·华莱士坚定地抓住了，因为他真正顶住了压力和困难，不等时机完全成熟，就抓住了那困境迷雾之后的机遇。

成功者不会等待万事俱备，很多看似聪明的人在已经具备了不少可以成功的条件时，仍在苛求更多的捷径，从而失去了机会。当看见机遇的时候，你能认出它吗？不要再说“条件还没有成熟”之类的话了，否则，当一切条件都已经具备，机会也会消失得无影无踪了。

莎士比亚曾说：“好花盛开，就该尽先摘，慎莫待美景难再，否则一瞬间，它就要凋零萎谢，落在尘埃。”西蒙也说：“机会对于不能利用它的人又有什么用呢？”

在商场上机会转瞬即逝，只有及时抓住它的人，才能获得最大的回报。

每年的11月至次年4月都是某地鲜乳销售的淡季。许多乳品行业为了降低过多的库存，都会在这5个月里采取一系列的促销手段，各厂商会不约而同地进行一场价格大战。

1990年，在鲜乳销售淡季已过，各鲜乳厂商休战之际，味全公司却突然“大打出手”，投资1200万元，推出“买鲜乳送名车”的活动，宣布每周都会送出一台小汽车，活动持续时间长达两个月。

为何选择在非淡季进行促销活动呢？因为味全公司想进一步扩大公司2升装的家用鲜乳市场占有率，但在淡季各厂家纷纷出招时并不能吸引人们的眼球，所以当别人刚刚退出战场时，正是他们进军攻占竞争对手原有市场的好时机，所以味全公司的决策者们决定推出此项活动。

当时的味全公司虽然准备得并不充分，但如果不立即行动，就会延误战机，所以他们选择在条件不完全成熟时大胆出手。这一活动让他们的目的达到了，该种鲜乳的销售市场扩大了，其热销的势头也一直保持了下来。

商场如战场，一时的迟疑，损失的可能不只是几百几千。市场上风云变幻，可以说没有一个时机是完全成熟的，如果它完全成熟，那也不能称为时机了，只能叫作人人皆知的新闻。看准时机，抢占先机，在关键时刻大做文章，你就会取得成功。

徘徊不前、驻足观望是我们成功的大敌，等待是人们失败的最大原因。许多人都因为对已经来到面前的机会没有信心，而在一犹豫之时，就可能把它轻轻放走了。

懂得如何获得机会的人，深知应该在每时每刻都把握住可能到来的机会。不要再一味地观望，不要等它成熟到绝对的安全，拿出你的勇气和决心，成功者永远不会等到时机成熟，所以抓住当下的机会，全力以赴去把握它！当你把握住每一个可能的时候，可能就成了必然。

用100%的行动，迎接生活未知的挑战

上帝对每个人都是公平的，成功的机会人人都有。可是有的人总是抱怨：为什么成功总是别人的！这是因为有的人能做到三分把握，十分付出，而有的人觉得机会渺茫，不肯倾尽全力，成功自然也就归入前者囊中。

沃伦·哈特葛伦年轻时曾是一名挖沙工人，艰苦的劳动环境使他萌发了必须成就自己的人生事业的欲望。他对树蛙非常感兴趣，所以他萌生了成为一名研究南非树蛙专家的想法。但是以他的受教育程度来看，又不具备这方面的才能。

这是一个十分遥远的梦想，但哈特葛伦仍然在用他的汗水浇灌着梦想。他从1969年开始，就把大部分时间和精力用在了研究专项上。他每天都会收集150个标本，几年累积下来做了大约300万字的笔记，并掌握了南非树蛙的生活规律。长时间的观察和积累让他在研究树蛙方面逐渐成为专家。到后来，他从这些蛙类身上提取出世界上极为罕见的一种能预防皮肤病的药物，并因此一举成名，还获得了哈佛大学的博士学位。

后来他曾问一位年轻人是否了解南非树蛙，年轻人坦白地说

不知道。于是哈特葛伦告诉他："如果你想知道，你可以每天花5分钟的时间阅读相关资料，这样，5年内你就会成为最懂南非树蛙的人，成为这一领域最具权威的人。"

有些事情即使仅有1%的可能性，也值得我们付出100%的努力去追求。汗水和时间的累积能铺平通往成功的路，多一分付出就多一分把握。只有三分把握的事情，你努力了、奋斗了，十分的付出就能换回十分的回报。

伍迪·艾伦说过："想要成就自己的事业，必须把时间和精力投到你的目标上，你就能非同寻常。"你的时间和精力能增加成功的可能性，不管你有没有十足的把握做好这件事，倾尽全力就会有希望。

歌德用诗歌、戏剧、小说等文学形式，创作了很多伟大的作品。他27岁被任命为魏玛公国参议员，在政界也相当活跃，做出了很多业绩，1815年被任命为国务大臣。除此之外，他也喜欢绘画，还从事解剖学、地质学、矿物学、植物学、光学等自然科学的研究，在各方面都有卓越的贡献。不是因为歌德提前就预知自己能行，而是他不管做什么都全力付出，所以才在各个领域都取得了骄人的成绩。

成功不在于你的把握有多大，而在于你付出的多少。成大事者在成功之前，也没有把握自己将来就一定会成功，但他们会倾尽全力向着目标努力，所以才有了卓越的成绩。

施瓦辛格是国际著名影星，他出生于奥地利一个很普通的家庭。15岁的时候，施瓦辛格对健美产生了兴趣。当时他体型瘦削，虽然这样的身材离他的偶像——当时美国著名的健美先生力士柏加还差很远，但他并不认为自己就不可能成为肌肉健硕的人，于是他开始向自己的目标靠近。

他把零花钱省下来买健美杂志，还利用课余时间去打工，用赚来的钱购买健身器材。当时施瓦辛格的父母十分不愿意儿子这么做，朋友也讥讽和耻笑他，面对重重压力，施瓦辛格置之不理，他不管自己的梦想最终能否实现，他只知道向着目标前进。

功夫不负有心人，施瓦辛格的付出得到了回报。他先后获得了一届“国际先生”、三届“环球先生”和连续六届的“奥林匹克先生”等荣誉。

凭着一身健壮的肌肉，施瓦辛格进入了电影行业。他主演的《终结者》《龙兄鼠弟》等影片深受中国观众的喜爱，他还被当时的美国总统布什委任为国家健康顾问委员会主席。

成功的机会从来不是唾手可得的，而是用比别人更多的辛勤汗水换来的。不是不做没有把握的事，而是不做没有准备的事。让我们用 100% 的努力去迎接 1% 的机遇吧。

千万次的心动，也不过是水中之月

很多时候，一次成功的执行就躲在那些异想天开的一念之间，藏在那些一闪即逝的灵感火花之后。但想法固然重要，若没有说干就干的魄力，心动之后马上行动的干脆，就算有千万次的心动，一切事情也不会发生，万事不过都是水中月、镜中花罢了。

纸上谈兵的故事我们都听说过，满腹才华、熟读兵书却在长平之战中“坑害”了赵国几十万将士的赵括常常成为我们嘲弄讥讽、口诛笔伐的对象，可是，古代只有一个赵括，现代，我们身边的“赵括”又有多少？

不知道多少次，我们信誓旦旦地对自己说：“我要做……我一定要做……”但是，我们做了吗？不知道多少次，我们下定决心要将脑海中璀璨的灵光变成现实，但是，我们变了吗？不知道多少次，我们大谈特谈明天我要如何如何，下个月我要如何如何，但是，我们真的做了吗？

说话很简单，上嘴唇碰下嘴唇，张张嘴就说了，但我们说出来的话，我们自己又做到了多少，实现了多少？我们说，屋里会有光，但如果我们不去点燃蜡烛，打开电灯，屋里依旧会一片漆黑；我们说，种瓜会得瓜，但如果我们空坐家中，对着一包未开封的瓜籽发呆，我们的瓜又在哪里。

说什么真的不重要，懂得什么也真的不重要，重要的是我们能做什么，我们能做到什么。

1989年4月，香港女作家梁凤仪发表了她的第一部小说《尽在不言中》，一出版便一炮打响，为她的“财经系列小说”开了个好头。

此后，她开始以令人难以置信的速度，以近乎批量生产的方式，系统地创作起小说来。

1990年，梁凤仪写出了《醉红尘》等6部长篇小说。1991年，她更上一层楼，竟然一口气出版了《花帜》等一系列作品。

当时，梁凤仪的财经小说发行量特别大，在港台地区刮起了一阵猛烈的“梁旋风”，她的书的出版商都赚了个盆满钵满。

梁凤仪心中一动，既然自己的小说如此受欢迎，如此能创造经济效益，为什么不自办出版社呢？说干就干，于是，她亲任董事长和总经理，成立了香港“勤+缘”出版社，并且获得了很大的声誉，由此而来的是巨大的经济效益。仅仅在建社的一年半以后，“勤+缘”出版社便收回了八位数字的投资，并在两年以后，一跃而成为香港3家营业额最高的出版社之一。

如果没有梁凤仪的那一心动，就不会有“勤+缘”出版社的诞生，更不会有它今天的壮大和辉煌。这说明不管我们有怎样的想法，无论是实际的还是看似荒唐的，只要拥有必胜的决心，再配合确切的行动，都有成功的可能。

有时，执行和拖延的差别就在于是否有行动。从这个角度来看，世界上其实只有两种人：空想家和行动家。

空想家善于谈论、想象、渴望，甚至于设想去做大事情，他们总会产生很多的梦想，却很少行动，或许是缺乏实践的勇气，或许是缺乏实践的能力；而行动家则是只要有了想法，就会迅速做出反应，毫不迟疑地去尝试、去实践，在不断行动中走向成功。

在现实生活中，总有许多空想家存在。他们是“言语上的巨人，行动上的矮子”，虽然时不时地喊出几句豪言壮语，却不能付诸实际行动，因此，最终还是一事无成。

我的朋友张晓蕾一直以来都认为自己很成熟，自己比同龄人懂得都多，经历得都多，每当身边的伙伴迷茫困惑或遭遇挫折的时候，她都会以“长辈”的姿态去安慰她们，给他们出主意，帮他们解决问题，可是，一旦同样的状况发生在她自己身上，同伴用她曾经说过的话来劝导安慰她的时候，她却始终无法释怀。

不止一次，她为自己制定了精美的日程表，将自己的生活和工作进行了详细的部署和安排，可是真到了要按计划执行的时候，她全部选择了放弃。

她想去西藏支教，为此，她读了许多关于西藏民俗风情方面的书，还报考了华东师范大学，专门进行了一年的低氧运动训练，可是，一年又一年，每当支教的名额分配下来，每当学校号召支教者报名的时候，她都选择了拖延，选择了不去做。

从大一拖到大二，大二拖到大三，大三拖到大四，又从大四拖到工作之后，十年过去了，张晓蕾却依旧只是一个嚷着要去支教，对西藏支教“经验丰富”的“矮子”！

事实上，很多人都有着类似的经历，可以轻易地说出要怎样去做，却无论如何都不去做，也做不到，何其悲哀！

生活中此类人确实不少，将著名诗人艾青的“梦里走了许多路，醒来还是在床上”这句话送给这些人，真是再合适不过了。

这类人小心谨慎，为了达到理想和目标，研究来研究去，考察了许多实际情况，制定了很多详细的计划。可就是不按照计划去执行，而是左思右想，推翻了原有的计划，重新制定计划，而新计划列出后，又马上会被更新的计划取代……就这样一而再、再而三，在周而复始中时间已经白白流逝，最终只会因为拖延而一无所获、一事无成。

这些“只会想不会做”“只动脑不动手”“三思而不行”、畏首畏尾的人就是典型的只想不做或者只想而做不到的空想主义者。还有些人想法很多，今天冒出一个这样的打算，明天制定一个那样的计划，信誓旦旦地立志要做一个拓荒者，甚至还发出了不达目的绝不回头的豪言壮语。而结果仅仅是三分钟热度，第一天、第二天坚持了，第三天勉强地坚持，到了第四天豪言壮语就被抛到九霄云外了。这同样也是想和做的严重脱节，心动过后没有实质性行动的表现。

不拖延，提高执行力，要心动更要行动！没有行动，一切都不会出现，哪怕是失败的经验都不会得到；没有行动，就算机遇来了，也只能白白错过；没有行动，就算运气来了，也会毫无知觉。

时间如此宝贵，你怎舍得去浪费

我们每天起床第一件事，基本都是拿出手机，仿佛批阅奏章一样，一条条刷着朋友圈，给这个留个言，那个点个赞。出门上班坐公交、地铁时，也总是低头玩游戏或者看电影。

我在电视节目中看到过一个开豆腐坊的匠人。从天还未亮就起床，开始按部就班地制作豆腐，哪怕在不需要工作的时候，他也总是不放心地四处看看，要不就是坐在屋中闭目思考。

这就是普通人和成功人士的区别，成功人士的身心都放在一件事上，无时无刻不在思考着如何能将它做得更好。而我们，每天无时无刻不在浪费时间，想着怎么能让时间过得更快些，下班更早些。

现代职场中，依然有很多职员和企业领导对时间概念非常模糊，在我们身边，这几乎是我们每个人都经历过的，而且好像都有自己合理的理由。其实，这是没有时间观念导致的结果。时间就是成本，在还是职场新人的时候就养成时间观念，将会有助于以后的晋升和工作效率的提高。如果你想做一名好员工，以后想成为一位好领导，那就应该增强时间观念，不要虚度工作中的每一秒钟。

古人云："一寸光阴一寸金，寸金难买寸光阴。"中国人是世界上最早认识到时间管理重要性的，这也足以证明了时间的宝贵。对于那些除了聪明没有别的财产的人，时间是唯一的资本。可以说，时间就是生命。浪费时间就是浪费生命，主宰时间就是主宰生命。因此，我们应好好珍惜它，好好经营它，利用它，使它发挥出应有的潜能和作用。

年轻的阿曼德·哈默正是因为不虚度生命中的每一秒，才取得了举世瞩目的成功。

阿曼德·哈默 19 岁时，他的父亲患了重病，没有精力照顾和管理公司，就将与别人合办且面临倒闭的公司交给他经营。阿曼德·哈默当时还是一名大学一年级的学生，他将公司全部买下之后，既要合理安排时间学习，又要好好管理公司。面对这样一个即将倒闭的公司，如何扭亏为盈，怎样将读书和工作更好地结合起来，这对年轻的阿曼德·哈默来说可谓一个重大的挑战。

平时，阿曼德·哈默要花大半天时间去工作，因此不能去听所有的课程。于是，他请了一个同学替他在课堂上做好笔记，供他晚上工作回来后学习。这样，他既可以把更多的精力和时间放在工作上，不受约束地去经营公司，又能不耽误大学的课程。由于他不虚度工作中的一丁点儿时间，又经营有方，公司的效益出奇得好。但那段时间，阿曼德·哈默每天都必须精确地分配时间，他在照顾和经营公司的同时，每天还要抽出几个小时集中精力钻研同学为他抄下来的笔记。工作和学业使他懂得了时间的宝贵。

由于善于经营时间，不虚度每一秒钟，阿曼德·哈默在工作上取得了惊人的成绩。22 岁那年，他的公司纯利润超过了 100 万美元，他成了一名年轻的百万富翁。他还顺利地修满了医学学士学分，获得了哥伦比亚大学医学学士学位。

阿曼德·哈默之所以能够取得如此成就，得益于他高超的时间经营艺术——善于珍惜时间、利用时间，不虚度一分一秒。

工作中，我们无时无刻不在面对时间问题，无论是面对重大的人生转折，还是芝麻绿豆的工作小事，难免都要做一番抉择，而且必须自己承担抉择的后果。当然，结局不一定是完美的，尤其在时间的安排无法符合内心的罗盘时。因此，我们需要向珍惜时间的人学习，他们都能巧妙地利用自己的时间，以便能在有效的时间内最大限度地做更多的事情。

人们常说："不尊重时间，就是在浪费生命。"可见，时间的价值已远非自然经济和工业经济时代可比。虚度时间，既浪费了自己的生命，又浪费了他人的生命。凡是珍惜时间、不肯让一分一秒从自己的指缝中流走的人，最后一定能在他的生命中打上"高效率"的标记。

时间的重要性是如此突出，只有不虚度光阴、珍惜时间、善于利用时间的人才能更加接近成功，才能取得更高的工作效率。但是每个人每天只有24小时，怎样才能胜人一筹呢？那就要珍惜每一秒，争取在单位时间内创造出更多的价值。

什么事都拖到最后，完成的质量能有多高

很多人都会有这样的经历：从书店买来一大堆书，想要提高自己，结果这些书只起到了填充书架的作用；从体育用品店买来一副昂贵的羽毛球拍，想要锻炼身体，结果这两支球拍只起到了装饰墙壁的作用；给自己设计了一个完成任务的计划，准备监督自己提前或者按时完成，结果还是拖到最后一天才匆忙完成。

这样的人对计划的事情、需要完成或者想要完成的事情，总是一拖再拖，缺乏连续、均衡完成任务的意志力。

有人对中学生假期作业的完成情况做了一个调查，并画出了一张假期时间和假期作业完成量的函数图。从图上可以看出，整个假期前 3/4 的时间，假期作业完成量几乎为零，到了最后 1/4 的时间，假期作业完成量才逐渐缓慢上升，直至假期的最后两天，假期作业完成量急速上升并到达顶点。

从这个调查中我们可以很明显地看出拖延对任务完成的影响。而生活中，在时间充裕的情况下，很多人不管工作量的多少，假如缺乏监督，长时间地坚持工作往往很难。人们总是将事情不断地往后拖，直到最后不得不完成。这种拖延习惯的影响就是：最后时刻的工作量特别大，而且任务完成质量很低。对此，心理学

家做了一项实验进行研究。下面我们就来看看这个实验，从实验的角度来探索一下拖延会产生什么样的负面影响。

2002年，哈佛大学的克劳斯教授做了一项实验。实验以大学生为被试者，克劳斯教授将被试者分成了A班、B班和C班。

克劳斯教授要求被试者们在3周内完成3篇论文，并告诉他们，假如他们过期不交，则视作0分。除此之外，克劳斯教授对A班的同学说，他们可以在3周的最后一天上交这3篇论文；对B班的同学说，他们需要自己预先安排好每篇论文的上交时间，把这个时间报告给自己，并按照这个时间上交每篇论文；对C班的同学说，他们在每个周末时，必须上交一篇论文。

论文都上交后，克劳斯教授对论文进行评分。并将3个班被试者的论文成绩进行比较。通过比较克劳斯教授发现，3个班中C班的论文最好，其次是B班，论文成绩最差的是A班。

根据上述实验中3个班的被试者论文所得的分数情况，克劳斯教授得出以下结论：拖延会影响任务完成的质量，一般情况下，到最后时累积的任务量越多，任务完成的质量也就会越差。

其实，从拖延的表现可以看出，它对工作任务的顺利实施及任务的完成来说是非常大的阻力。因此，想要控制自己，让自己按照计划完成任务，就需要与拖延心理对抗。只有战胜拖延，才有可能有毅力按照计划较好地完成任务。

将这种现象和上述实验所得结果相结合，我们可以得到如下启示：不要将任务拖到最后才做。否则会影响任务的完成质量。而且拖得越严重，任务的完成质量就越差。

怎样才能降低或者避免拖延对于任务完成质量的影响呢？我

们可以从实验中借鉴一些方法。

实验中的被试者同样是在3周之内完成3篇论文，但是因为上交的时间不一样，所以最后上交的论文质量也不一样。由此，我们也可以通过分段完成工作任务来提高任务完成的质量，降低拖延的负面影响。

除此之外，我们还可以利用一个小技巧“骗”一下自己，让自己提前完成任务。比如，本来任务完成时间是一周，但是你可以“骗”自己任务完成时间只有4天，并在4天之内抓紧时间将任务完成。然后，在剩下的3天时间里，对所完成的工作进行适当的修正。

每当按时且较好地完成工作任务时，你可以给自己一些小小的奖励。这样可以强化你按时完成工作任务的行为，从而培养出按时完成任务的习惯。

既然要做就别等到明天

我们每个人思考一下，在工作中是否有这样子的习惯——本来这件事情应该今天做，但自己打开电脑，正准备做的时候，忽然内心另一个声音告诉自己，今天已经这么累了，放在明天做吧，结果，你就听从了这个声音，关闭了电脑，去开始自己休闲的生活。

我们生活中有很多这样的时候，也有许多重要的事情，不是没有想到，而是没有立刻去做。我们总是找到各种借口和理由，去拖延，去逃避责任。我们总是想着“有空再做，明天做、以后做”“再等一会儿”“再研究（商量）一下”，这都是在为拖延找借口。想要真正解决问题，只有一个方法——马上行动，一分钟也不要推迟。

有时候即使只是推迟了一分钟，也许好事就会变成坏事。实际上，职场中的每个人都有拖延的坏习惯，只是拖延程度深浅不同。但是，优秀员工会将这种冲动扼杀在摇篮里，他们时刻提醒自己“绝不拖延，立即行动”。

可见，一个工作效率高的人，其秘诀就是遇到问题，立即解决，绝不拖延一分钟。你积累问题是因为你有拖延的坏习惯，面对日益增多的工作，你都不知道该从哪里下手，最终的结果会更为严重。

因此，我们必须记住，在工作中，每一分钟都非常重要。拖延时间，只会使我们在“现在”这个时期更加懦弱，并期待于幻想。也就是说，我们总是想着事情能往好的方向发展，但始终都不能取得成功。而且，有拖延心理的人心情总是不愉快，总觉得疲乏，因为应做而未做的事总是给他压迫感，拖延一分钟，并不能节省时间和精力，相反，它会使你心力交瘁，甚至失去工作机会。

我的朋友孙浩是一家知名广告公司的文案策划，他策划的文案总是很有创意，这让老板对他格外器重。一次，老板将新签约的一家客户的广告策划案交给他来做，并告诉他最迟在月底完成。孙浩接过任务，心想还有半个月时间，不用着急开始，他有充分的自信可以在规定时间之内完成。

于是，他天天不急不慌地浏览网页、看看报纸、聊聊天，想着等到最后几天开始做一样可以完成，不必这么着急。

当孙浩玩得差不多了，准备开始工作了，却被老板叫去参加一个广告学习研讨会，耽误了整整一天的时间。他还是不着急，想着，那就第二天再开始做吧。

可是他没想到，第二天公司电脑集体中毒，全部拿去电脑公司维修，又耽误了一天。没办法，孙浩找借口，跟老板多要了一天，下班后自己再回家赶夜车，匆匆写了一份策划方案交了上去。

由于策划方案写得仓促，几乎没有什么新意，客户又催得急，连修改的时间都没有了。最后客户不太满意策划方案，公司为此赔偿了客户很多钱。虽然孙浩的策划很有创意，但是讲究原则、办事严谨的老板还是将他辞退了。

员工一定要独立，一定要在规定期限内完成工作，绝不能有拖拖拉拉的情况。优秀的员工不仅能守时，而且他们深知，在所有老板的心目中，最佳的开始时间是现在，最理想的任务完成日期是今天。

约翰·丹尼斯先生曾说："拖延时间常常是少数员工逃避现实、自欺欺人的表现。然而，无论我们是否在拖延时间，我们的工作都必须由我们自己去完成。通过暂时逃避现实，从短暂的遗忘中获得片刻的轻松，这并不是根本的解决之道。要知道，因为拖延或者其他因素而导致工作业绩下滑的员工，都是公司裁员的对象。"

但是，现实工作中就是有着那么一群规避责任的人，他们总是消极地对待工作，做事拖沓，效率很低，也不愿意参与竞争。

小李是某咨询公司的经理，同时兼任很多公司的顾问。一次，他与某大型企业高级经理一起研究企业组织结构再造的问题。在立项初期，该公司各项准备工作都做得不错：识别、确定关键问题，确立目标，形成策略，起草计划，一步一步都做得很好，小李看到他们的方案后也很满意，于是他放心地离开了该公司。

但是令人失望的是，6个月后，当小李再回到那个企业，想看看有什么变化，他们的方案能否解决问题时，小李看到的还是以前的面貌。从总裁到工人，没有一个人按计划行事，问及原因，经理们解释说："太忙，其他事情插上来了""与其他人接触不上""碰上了麻烦，计划搁置了。"小李不禁摇头苦笑，对经理们说："其实，这些都不是原因，真正的原因是你们的工作惰性。如果你们抓紧时间，立项之后立即付诸行动，相信现在绝不会是这样的状况。"

一家大公司竟然如此，可见不能将责任落实有多么大的危害。或许产生这种现象的原因，与企业管理方式有关，除去这个原因，放在个人层面上，其实就是拖延惹的祸，换句话说，就是拖延捆住了员工的手脚。因此，每个员工要在责任的落实过程中保持高效率，不要拖延，这样才能为公司创造业绩，同时也是自己成功的基础。

我大学时候有两个室友——阿辉、阿城。当我们大学毕业以后，他们同时被一家公司聘为产品工艺设计员。起初，公司给他们的月薪是很低的。

阿辉对低薪水感到愤愤不平。为此，他经常抱怨、推卸责任，还在工作时间和同事聊天，根本没有把工作的事情放在心上。

渐渐地，他养成了拖延的坏习惯，办事效率极为低下。要他星期一早上交的方案，到星期二早上依然尚未做完，经理批评他，他就带着情绪工作，把方案做得一塌糊涂。再后来，阿辉根本没想着怎么把工作做好，而是一味地推卸责任。

阿城则不同：他虽然对底薪也感到不满，但他并未一味地去抱怨、闹情绪，他坚信，机会来自汗水，一分耕耘一分收获，只有今天的努力，才能换来明天的收获；机会随时都在你身边；主动负责，实际上就是主动抓住机会。他下车间，熟悉工作流程，他的勤奋努力引起了厂长的注意，不久，阿城就被提拔为厂长助理，而阿辉因为对工作总是一拖再拖，最后被公司解雇了。

担任厂长助理一职后，阿城并没有因此而止步不前，依然是兢兢业业地做好自己分内的工作，他总是能在第一时间完成自己的工作；一些重要的、紧急的、需要决策的事情，他会及时向厂长汇报，并督促各部门坚持及时把工作做好，做到位。在阿城的组织管理和协调下，公司的生产效率得到极大的提高。

一个拖延，一个高效，导致两个人的结果不同。社会学家库尔特·卢因曾经提出这样一个概念，叫作“力量分析”。他描述了阻力和动力这两种力量。他说，有些人一生就是被拖延的坏习惯束缚住了前进的手脚；有的人则是一路踩着油门呼啸前进，比如始终保持积极的心态和勇于负责的精神。可以说，他的这一分析同样适用于工作。如果你希望自己在职场中能更好地生存和发展，你就应该把你的脚从“刹车板”——拖延上挪开，在规定的时间内把你应该做的工作尽心尽力去完成。

改正身上的坏习惯，提高自身执行力

阻碍一个人执行的，往往是坏习惯：早晨赖床的习惯会让一个人上班迟到；爱找借口的习惯会让工作拖到最后；不珍惜时间的习惯会让人工作效率低下……总之，那些坏习惯会毁了一个人的执行力。

在工作中，有四种坏习惯最可怕，它们会让一个人患上工作拖延症。如果你能够加以克服，不仅会使你的工作变得生动有趣，而且还可以提高你的工作效率。四种坏习惯如下：

其一，公办桌上杂乱无章，严重影响解决问题的效率。

你的办公桌上是个什么样的情景？是不是杂乱无章地堆满了各种信件、报告和备忘录？当你看到自己乱糟糟的桌子时，你是不是会紧张地想：我还有什么工作没有完成，怎么看起来我有这么多没有完成的工作！你是不是会因此而感到焦虑，觉得工作如此繁重，从而对工作产生了厌倦？著名的心理治疗家威廉·桑德尔博士就遇到过这样的病人。

这位病人是芝加哥一家公司的高级主管。他刚到桑德尔博士的诊所时，看上去满脸焦虑。他告诉桑德尔博士自己的工作压力实在是太大了，每天总有做不完的事情，但是又不能够辞职。桑德尔博士听完他的一席话之后，指着自己的办公桌说："看看我的桌子，你发现了什么？"这位主管顺着桑德尔博士手指位置看去回答道："比起我的办公桌，你的实在是太干净了。"桑德尔博士听了他的话微微笑道："是啊，这样干净是因为我总是在第一时间将工作处理完，这样一来我的桌子上就不会有太多的工作了，你可以试一试我的方法。"

那位主管一脸疑惑地看着桑德尔博士。3个月之后，桑德尔博士接到了那位主管的电话。在电话里那位主管非常高兴，他对桑德尔博士说他的方法简直太神奇了，现在他看到自己的桌子再也没有像以前那么大的压力了。"现在我的桌子也和你的一样干净了。"就这样桑德尔博士治愈了这个高级主管的焦虑症。

著名诗人波布曾写过这样的话："秩序，乃是天国的第一条法则。"芝加哥西北铁路公司的董事长罗南·威廉说："我把处理桌子上堆积如山的文件称为料理家务。如果你能把办公桌收拾得井井有条，你将会发现工作其实很简单。而这也是提高工作效率的第一步。"

看看自己的办公桌，如果文件堆积如山，那就开始清理它吧。

其二，工作中分不清事情的轻重缓急。

著名企业家亨瑞·杜哈提说，如果一个人同时具备了他心中的两种才能，不论开出多少薪水，他都愿意聘用。这两种才能是：第一，善于思考；第二，能够分清事情的轻重缓急，并据此做好工作计划和安排。

查尔斯·鲁克曼在12年之内，从一个默默无闻的人，一跃成为公司的董事长，就归功于他具有以上两种才能。查尔斯·鲁克曼说：“我每天都会在凌晨5点钟起床，因为此刻正是思维活跃、清晰的时候。在这个时候，我可以就我近期的工作进行一些规划，排出事情的重要程度，以便安排自己的工作。”

其三，不能果断处理问题，导致问题总是处于悬而未决的状态。

霍华德先生说，在他担任美国钢铁公司董事期间，董事们总要开很长时间的会议。因为，会议要讨论很多议题，但是大部分议题无法达成共识。其结果是，工作效率无法提高，而董事们的工作量又十分繁重，每位董事都要抱着一大堆报表回家继续工作。

针对这种毫无效率的工作方式，霍华德先生向董事会提出了自己的建议：每次开会只讨论一个问题，而且必须做出最后的定论。霍华德说，虽然这个做法也有其弊端，但是总比悬而未决，一直拖延来得要好。最终，董事会采纳了他的建议。很快，这种方式就体现出了自己的优势。他们很快就把那些积累了很长时间的问题解决了，董事们干起活来也觉得轻松了许多，不必再把家庭作为自己的第二工作场所了。

不得不说，这确实是一个提高工作效率的好方法，值得你我借鉴。

其四，喜欢大包大揽，不相信自己的部下或者同事。

很多人都有这种工作习惯，所有事都喜欢亲力亲为。结果，他们总是被那些琐碎的事情纠缠得筋疲力尽，无法享受自己辛苦打拼来的幸福生活。这种现象在很多领域都普遍存在。人们总是不放心其他人，担心那些人会把事情搞砸。于是，他们不得不不厌其烦地处理那些在工作中出现的细微事情。喜欢大包大揽的人，始终处于一种紧张的、焦虑的生活之中。

然而，要试着相信他人，将自己手中的工作分一部分交给他人来完成，对于一个责任感太重的人来说也是不容易的。如果一个人没有能力承担你所交给他的工作，那么必将会影响到你的相关工作，进而损害你的声誉。可是，如果我们想要摆脱终日紧张的工作状态，就必须要学会分权，学会量才而用。将那些无关大局的琐碎工作交给他人，这不仅会提高自己的工作效率，还会真正体会到工作的乐趣。试一试吧！

上面列出了在工作中容易养成的四个坏习惯。在告别拖延症、提升执行力时，请检查一下自己在工作中是否正在犯上述错误。如果有，请马上改正，这样，你就会远离拖延症！

第十章 战胜拖延心理的秘密武器：来吧，给自己充满正能量！

解决拖延症，先要消灭拖延的思想

现代社会，拖延症已经成为很多人尤其是年轻人中间的高发病症。具体表现为做事拖拖拉拉、怕接受工作任务，甚至经常到最后一刻才开始执行等。对于每个人来说，拖延的习惯都会影响到我们做事的效率，无论在职场上还是在学习上，都会留给别人懒散的印象。那么，如何克服这样的坏毛病呢?

我们都知道，人的思维指导行动，对于拖延者来说，他们之所以做事懒散、行动拖拉，多数情况是拖延思维导致的。在他们内心，常常有这样的声音："等会儿再做也没关系。""大家都还没动手呢，我不必着急。""太难了，实在找不到办法。"很明显，这些都是拖延思维对我们的行动给予的负面暗示。

可见，如果你经常为自己的拖延行动找借口，那么，很可能是因为受到了拖延思维的影响。要解决拖延症，你首先要做的就是消除拖延思维。要知道，任何人都不可能帮助你改变现状，能拯救你的只有你自己。

古希腊神话中有一个西绪弗斯的故事很能说明这个问题。西绪弗斯因触犯了天庭之法，被惩罚到人间受苦。他每天必须推一块石头上山。当他将石头推上山顶回家休息时，石头又会自动地滚下去，于是西绪弗斯第二天又得去推。这是天神想让他在“永无止境的失败”中遭受惩罚，以此来折磨他的心灵。

可是，西绪弗斯偏偏不吃这一套。他不认为这就是受苦受难的命运安排。他一心想，推石头上山是我的责任；至于石头是否滚下来，不能决定我的成败。因此，心中始终平静如常，从不丧失信心。从而始终不放弃自己的职责，每天都满怀希望。天神见折磨西绪弗斯心灵的企图无法奏效，只好放他回了天庭。

用这个故事对照现实生活，我们可以得到有益的启示：“人必自助而后天助。”若连自己都不愿帮助自己，还会有谁愿意帮助你呢？在逐渐改正拖延习惯的过程中，我们必须始终激励自己，相信自己能做到，那么，我们就能做到。

通常来说，拖延思维是消极思维的一种。如果我们不摒弃拖延思维，最后只能无止境地拖延下去。事实上，我们在做事的过程中，总是会遇到一些困难，此时，我们需要调节和控制自己的心态，鼓励自己能做到，这样可以给自己精神动力。

我们来看推销员之神——乔·吉拉德是如何说的：

我认为所谓的自我管理，首先就是苛求自己。我把一个星期的工作计划分为上午和下午两个部分，把要走访的地方6等分。星期一走访葛饰区立石路的1—100号，星期二走访101—200号，星期三……这样一个星期以后，就走访完了我所负责的整个地段。我把这种做法一直作为绝对的、至高无上的命令来执行。所谓硬闯和推销管理工作，都安排在每天下午去做。上午专做接洽生意或类似于接洽生意的工作，从下午4点起，做交谈、修车等工作。

我的工作计划大体就是如此，也就是自己管理自己，并且会坚决执行。

参加工作的第一年，往往都是我一个人在街道上转来转去，我觉得非常难受又寂寞，有时也深感推销工作非常痛苦。可是，每当这时，我就鼓励自己，自己痛苦的时候别人也痛苦。说老实话，如果推销工作是一帆风顺的，也就无所谓自己管理自己了。自己管理自己这个问题之所以受到重视，是因为任何人都不能随心所欲地去做事情，因为今天一去不复返，人们才要求这么严格。我也经常有精神不振的时候，遇到这种情况，就一定会在星期天去登山。当我一步一步地克服了前进中的困难而登到山顶时，那种激动的心情简直就和接受订货、交出汽车时的激动心情完全一样。

从这两段话中，我们发现，克服拖延其实就是一种自我管理，它和做其他事一样，假如不存在困难，那么也就体会不到成功时的快乐，以这样的信念激励自己，能帮助我们克服内心的很多负面情绪。

总之，任何一个希望解决拖延症的人，都应该摒弃消极的拖延思维，始终相信自己能做到自控和立即执行，以这样的信念引导自己去做事，相信一定能有所收获。

做甘甜的雨滴，照样能够滋润万物

每个人在社会中都有自己的角色，都有适合自己做的工作和任务，如果从事不适合的工作只会让你得不偿失，毫无建树。

很久以前，有一只乌鸦非常羡慕在高空中翱翔的老鹰，很想像老鹰一样来一个漂亮的俯冲，然后抓住草地上的小羊。于是，乌鸦天天模仿老鹰的动作拼命练习。过了很多天，乌鸦觉得自己已经练得很棒了，就从树上猛地冲下来，扑到一只山羊的背上，想完成老鹰那样完美的动作。

但是，由于乌鸦的身子太轻，就在落到山羊的背上时，爪子不小心被山羊身上的毛缠住了。它拼命地拍打翅膀，想要从山羊的背上逃脱，但都失败了。前来的牧羊人看见了这一幕，就把乌鸦抓了去。

乌鸦不但没能像老鹰那样抓住小羊，反而把自己的性命交到了牧羊人的手里，乌鸦的盲目模仿上演了一场悲剧。

只要有常识的人都知道，俯冲抓羊的动作适合老鹰，却不适合乌鸦。但是，这只可怜的乌鸦以为自己能成为一只像老鹰般的乌鸦，简直荒唐可笑。可是在一笑而过后，你是否有那么几秒钟的顿悟，是不是也在这只乌鸦身上看到了自己某个时候的影子？你是不是也曾像这只乌鸦一样，因为看到别人的光鲜，就盲目地跟从，做了一些不适合自己的事呢？

就像人在买鞋、买衣服时一样，36码的脚就只能穿36码的鞋，高大的身材不能穿小号的衣服。一定要选适合自己的尺码才最舒适。即使是再昂贵、再精致的东西，如果不合适你，也只能当作摆设，它本身的价值也就得不到体现。

如果一个人总是在将就与勉强中度日，那将是一件多么痛苦的事。如果你选择了不适合自己的路，这就像穿上了不合脚的鞋走路一般，将会异常艰辛，甚至会使自己陷入无法自拔的沼泽。

适合，对我们来说太重要了。在感情中，我们要找到适合的伴侣，这样才有一起营造幸福的激情；事业中，我们要找到适合的工作，这样才有奋发向上的动力；生活中，我们要找到适合的人生方向，这样短暂的一生才不会遗憾重重。

很多时候，也许你的适合得不到身边人的理解，甚至会遭到强烈的反对。可是，如果你觉得那是最适合你的，就一定要坚持，因为只有坚持，才能让时间证明你的正确。如果你因为得不到认可就委屈从而放弃，最后一定不会只是遗憾那么简单。

能对自己的人生负责的只有自己，除了自己，没有人会为你的错误选择埋单，连最亲近的人也不能。所以，我们在听取别人意见的同时更应该问问自己，这是否适合自己？当然，你坚持自己的选择的前提是，这必须是你经过深思熟虑后确定的。

我一个高中同学最近从某政府机关辞职了，自己开起了小吃店。他放弃了令人羡慕的公务员工作，不仅让周围的人吃惊不已，更是遭到家里人的强烈反对，父亲甚至以断绝父子关系相要挟。

他很苦恼，和我说："我在机关里每天重复同样的工作，拿着固定的工资，生活没了一点激情。我觉得年轻人应该多闯多拼，我希望我能通过创业更快地成长，就算失败也无所谓，毕竟我还很年轻。"

我让他把真实的想法找个机会和他的父亲好好谈谈。后来在吃晚饭时，他和父亲认真地谈了自己的想法和感受，父亲也勉强答应了让他试试。经过几年的磨炼，酸甜苦辣都尝尽了的他，加盟连锁了几家快餐店。看着颇有成就的儿子，老父亲笑了。

适合自己的才是最好的，不要一味地邯郸学步，因为适合他人的不一定适合自己。也不要勉强自己去做自己根本无法做到的事情，那样有可能会适得其反。只有找准适合自己的位置，你才会更加得心应手，取得更好的成绩。

如果不是耀眼的太阳，那么就做一颗闪烁的星星，照样能在夜里发光发亮；如果不是参天大树，那么就做一棵青青小草，照样给大地一抹生机；如果不是海洋，那么就做甘甜的水滴，照样能滋润万物。你要相信，每一粒种子终归有适合它的土地。

让工作变得有趣，干得才会带劲儿

找工作的人，最怕简历被画上红叉，很多人不明白：为什么自己明明有能力、有学历、有经验，却还是被招聘的公司淘汰了？排除掉运气因素，最应该检讨的恐怕是他们对工作的心态。负责招聘的人事经理们相信：一个不热爱工作的人，就做不好他的本职工作。

以前我还在某上市公司工作的时候，有一次和人事聊天，问他们是怎么能在短短几分钟内，确定一个应聘者是否符合要求的。他告诉我，在招聘时，他都会先问一个问题。我问道："什么问题？"他微微一笑，说："你为什么离开上一家单位，选择到本公司来应聘？如果应聘者回答'我以前的工作单位比较小，虽然我很努力，但是部门经理好像不太信任我。我觉得，贵公司能够给我施展才能的机会。'那我一般就不会用，会在他的简历上画一个小叉。"

我问道："为什么这样的回答会是禁忌？"

他说道："我之所以问这样一个问题，是想从正面了解他对以前所在公司的评价。如果他说以前的那家公司有多么的不好，或是那份工作如何不好，那么无论他的个人能力怎么强，我都不会录用他。因为我相信，那些整天抱怨工作不好的人，终将一事无成。"

我们经常听到别人说不喜欢自己的工作：工作枯燥、工作环境不好、工资少、上司不好相处……他们举出各式各样的例子来证明自己的工作有多么糟糕。让我们扩大视野范围，看看都是谁在厌烦工作，其实不难发现，不喜欢工作的人，往往就是那些做不好工作的人。如果工作本身能说话，相信它也会跳起来说："我的负责人能力平平，眼高手低，他每天都唠唠叨叨，不细心也不努力，明明成绩不够，却说是我不好！"

一个人不能改变环境的时候，只能去适应环境。工作也是如此，与其认为工作面目可憎，不如去深入接触，发现它有趣可爱的一面。至少，要先摆正自己的心态，明白工作就是工作，工作需要的是负责任地完成，而不是不断地埋怨。

我曾看到过这样一个小故事：

一个小男孩跟着师傅学习雕刻，他认为整天雕刻石头是件枯燥无味的事，想要放弃。师傅对他说："想放弃，是因为你不知道雕刻的乐趣。"

"雕刻的乐趣？"小男孩睁大眼睛，看着师傅拿起一块石头，一刀一刀地琢磨。师傅说："雕刻的乐趣，不是一刀一刀雕刻石头，而是找出石头中藏着的东西。"说着，他手中的雕像渐渐成型：头发、脸庞、眉毛、眼睛……最后，一个栩栩如生戴着棒球帽的小男孩头像出现了。

小男孩大吃一惊："这不就是我吗？"

师傅点点头，指着满屋子的石头说："雕刻的乐趣就藏在这些石头中，你认为它们枯燥，它们就只是一些石头，你认为它们有趣，它们自然会带给你无穷的乐趣。"

小男孩听完，再次拿起了雕刻刀。后来，他成了一个有名的石雕艺术家。

拿着雕刻刀，一天天坐在小房间里削一块石头，确实是件枯燥乏味的事，也难怪小男孩坐不住。而雕刻师傅能全神贯注地拿着刀子，直到把手中的石头变成艺术品，在这个过程中，他不会抱怨，不会不耐烦，他满脑子想到的，都是给一块石头赋予形状时得到的快乐。把雕塑当成负担，雕塑就只是单纯地用刀子刻石头，只有了解雕塑的乐趣，全身心投入其中，雕塑才是一种艺术创作，才会回报雕塑家美丽的享受和心灵上的满足。

长年累月地做一件事，难免会厌倦：售票员日复一日地报着十几个烂熟于心的站名；程序员月复一月地编着基础程式；教师年复一年地对学生讲授相同的内容……当工作变成一种惯性，一种机械运动时，就会滋生烦躁的情绪，我们甚至开始质疑工作的价值：为什么要一直做同样的事？为什么不能去做点有趣的事？这样想着，售票员开始懒洋洋地撕票，程序员开始昏沉沉地敲键盘，老师开始照本宣科地读讲义……工作变得越来越没劲。

而在那些把工作当乐趣的人眼中，事情又是另一个局面：售票员每天都在琢磨怎样让乘客更舒服，今天给公交车添加一些椅垫，明天给公交车备好一个药箱，后天又开始自学英语，心血来潮用中英双语报站；程序员总想开发出一套更加便捷的口令，每一天都在完善、推广自己开发的程序，越来越多的人愿意使用它；老师会在每一课都将最新的学科发现添加到讲义中，开阔学生的视野，讲的课程也越来越受欢迎。

把工作当负担的人，工作也会把他当作负担；愿意对工作付出的人，工作会给他丰厚的回报。

一点点激发自己的潜能，迟早会实现人生的目标

面对工作中的责任，不少员工会感到强大的压力，心理上难以承受，以至于在责任面前表现得手足无措、无所事事、故步自封。

其实，内在的责任感可以转化为一种动力，唤醒我们潜在的力量，激励我们克难攻坚，始终保持乐观向上的精神状态。

科学家们做过这样一个试验：

在森林的一角，将母豹子和它的小豹子一起关在巨大的铁丝网里。试验一开始，科学家们先把母豹子放了出去，仍然囚禁着小豹子。此后一个月里，母豹子时常在铁丝网的外围徘徊，它越来越瘦，精神委顿，有气无力。

接着的下一步，按试验的原计划应该把小豹子也放出去。然而有不少人开始主张不要放走小豹子，因为母豹子的状态看起来很不好，恐怕活不了几天了，小豹子交给它后肯定也活不了。但有一位科学家坚持放走小豹子，他认为小豹子恰恰是拯救母豹子的“天使”。小豹子被放到铁丝网外了，它跟着母亲走进了森林深处。

一段时间里，科学家们没有看到母豹子和小豹子，很多人以为它们已经一命呜呼了。正在大家失望之际，母豹子和小豹子出现了。人们发现小豹子长大了不少，毛色油亮，母豹子也恢复了健壮。

原来，母豹子一开始以为小豹子会被一直关在铁丝网里，自己没有动力活着。小豹子被放出来后，它承担起了哺育小豹子的责任，使一下子打起了精神，积极地捕食猎物，所以改善了健康状况。

这个试验告诉我们，活力来自责任感，承担责任可以唤醒我们潜在的力量，不仅动物如此，人类也是如此。

每个人都有自己需要承担的责任，责任会带给你压力，同样也会成为动力。责任是潜能的“催化剂”，能够有效激发你的潜能，从而使你运用固有的能力完成原本认为不可能完成的任务。

在列车行驶的过程中，一节车厢里传出一阵痛苦的呻吟。大家循声望去，是一位年轻的孕妇，她出现了临产的征兆，痛苦使她的身体扭作一团，蜷在座位上。坐在她身边的丈夫很紧张，赶紧向列车长求救。

很快，在列车长的安排下，年轻的孕妇被抬进了用床单隔开的临时病房。丈夫焦急地告诉列车长，妻子以前难产过一次，孩子没保住。见情况危急，列车长迅速广播通知，紧急寻找妇产科医生。

这时，一位二十出头的姑娘害羞地站了起来，小声地对列车长说她是一名妇产科的实习医生，可是参加工作不到一个月，而且还从来没有接生过，对接生的认知仅仅局限于教材上那一点点。更糟糕的是，今天这个产妇又有难产经历，人命关天，她建议将产妇送往就近医院进行抢救。

可是，列车离最近的一站也要行驶一个多小时，孕妇已经等不及到医院了。列车长郑重地对实习医生说："你虽然只是一个实习生，但在这趟列车上，你就是医生，你就是专家，我们相信你。"

在一瞬间姑娘脸上掠过神圣无比的表情，她深深地吸了一口气，昂首挺胸、信心百倍地走向了临时病房。酒精、毛巾、热水、剪刀什么都准备好了，只等关键时刻的到来。

差不多半个小时后，婴儿的啼哭声宣告了母子平安，一直悬着心的乘客们热烈地鼓起掌来，"你从来没有接生过，你是怎么做到的啊？"有乘客问道。

"列车长说我是医生，我是专家，给了我很大的压力。不过，也让我明白了，在这里，只有我能够完成接生这个任务，而且作为这里唯一学医的人，我应该担负起这份责任。"姑娘回答。

事例中，从来没有接生过，对接生的认知仅仅局限于教材的妇产科实习医生，之所以能够独立自主地、顺利地完成接生工作，正是源于列车长说的"你是医生，你是专家"的压力和她对两个生命的责任感。

的确，责任不是别人强加给你的负担，而是你敢于挑战自己的积极选择。无论是在工作还是生活中，不管事情的大小，唯有勇敢地承担起责任，充分地发挥自己的潜能，你才能够比其他人做得更加尽善尽美。

一位著名的成功企业家，曾经遭遇过事业低谷，被问及他如何“鲤鱼大翻身”时，他说：“当我们的公司遭遇到前所未有的危机时，我突然不知道什么叫害怕，我知道必须依靠自己的智慧和勇气去战胜它，因为在我的身后还有那么多人，他们可能会因为我的胆怯从此倒下。所以，我决不能倒下，这是我的责任，我必须坚强、更坚强！”

因此，在面对各种责任时，不要再把它当作压力，要把它当作挑战自己的积极选择。勇敢地承担起责任，积蓄自己的力量，不断地将自身的潜力一点点地发掘出来，你迟早会实现自己的理想和人生目标。

工作没那么可怕，只是你把它想得可怕

很多时候，一些事情并非和我们想象中的一样，每个人对于同样的事情都会有不同的见解，如果你想知道事情的真相，就一定要亲自去感受。道听途说只会让你没有了主张，将事情复杂化，无形之中也给自己的心灵增加了压力。

职场很大，只要你离开了家庭和学校，开始用自己的双手挣饭钱，那就算踏入了职场。职场中的风浪有大有小，只有自己亲身经历了才有发言权。无论你处于何种情况，都不要让众人影响你的想法，这样当你回头看自己的人生之路时才不会后悔。虽然有时候步履很艰难，但那是你自己选择的，在那泥泞中有着属于你自己的坚持，也有着印有你记号的成功。

我在一本旅游杂志中看到过这样一篇感悟：

有一个人去旅游，在路途中他遇到了一大片茂密的森林。看到如此茂密的森林，他一时拿不定主意：这片森林如此之大，林中有什么动物也不清楚，万一遇上危险，那就不好了。

但是只要横穿这片森林，用不了一天的时间就可以到达目的地，要是绕着走的话，几天能到达他也不知道，因为他查的资料

只显示了这条捷径。他决定向当地的居民打听一下，问问这片森林里到底有什么，可不可以横穿。

他来到了附近的村落，在一家小饭店里向众人打听森林的情况。店里的伙计告诉他，那片林子里面不安全，时常有狼和一些不知道名字的野兽出现，村子里的许多家畜都曾神秘地消失，估计就是那些野兽干的。

旅人听了有些害怕，但是一个樵夫告诉他，自己经常在那片林子里砍柴，倒也没有遇上什么野兽之类的，偶尔才会遇到一两条蛇，没什么可怕的。旅人听了稍稍安心一点了，于是向樵夫借了一些防蛇的药，准备横穿森林。店里的伙计依然坚持自己的意见，劝他还是绕道走，那样保险。樵夫拍拍旅人的肩膀，鼓励他不要害怕。

终于，旅人还是选择横穿森林。这片森林真的很茂密，越往里面走就越幽深，他踩着地上厚厚的落叶，在半路上遇到过蛇，偶尔还有一些野兔和山鸡出没，虽然声响很大，但是并不可怕。旅人小心翼翼地穿过了这片森林，终于到达了目的地。他不由地想，这片林子看上去很可怕，但是真正穿过了并不觉得如何，没有店伙计说得那么恐怖，也没有樵夫说得那么简单——因为林中荆棘丛生，并没有明显的道路，想要轻易走出来，不吃点苦头是不行的。

职场和这片森林是不是很相像呢？因为不了解，只是很模糊地感觉到很可怕，只有真正经历了才觉得其实并没有想象中可怕。

要想在职场中占有一席之地，刚开始可能会不怎么容易。就好比找工作，你投递出的每一份简历，都有可能会石沉大海；你参加过很多的面试，但是都没有被录取。这或许会使你受到打击，对生活充满失望，但你应该想到，只有经历过磨难的历练，我们才能够更快地成长起来，只有经得住考验的人，才有资格受到成功的青睐。

职场是我们必须经历的一段人生，我们人生的大部分都是在职场上度过的。只有自己亲身经历过，一步一步走来，才会知道职场给我们的人生带来的是好处还是坏处；只有不让自己的心灵处在别人言论的影响下，我们才能够真正感受到职场带给我们人生的改变。

学会放松，好心情是战胜一切的开端

在讲这节之前，我先给大家讲一个关于我的朋友的故事：

我的这个朋友叫李利，以前是一名国企的庭院设计师，后来她放弃了这份工作，做起了零售生意。她经营着各种各样的庭院装饰品，无不高档豪华、精美绝伦，包括喷泉、工艺雕像等，还有装饰草坪的造型座椅。三年来，她一个星期工作五六天，平均每天工作十二个小时，这样拼命干下来，她的生意经营得越来越红火。

可人不是铁打的，这么长期的高强度疲劳让她吃不消，她自己也承认，每天除了工作上的事，连考虑个人事情的时间都没有。她只有跟客户谈生意时才有时间停下来喝口咖啡，午休对她来讲简直是一种奢望。

当时，我极力建议她雇用一个店员，起码能在午休前后两到三个小时里帮她料理生意。这样，她就可以有足够的时间休息了，还可以利用这空出来的时间整理账目，好好考虑生意该如何做下去。

她听取了我的建议，刚开始她有点不安心，担心这个，担心那个。后来，她渐渐地学会了放手，会在午休时找个安静的地方缓解一上午的疲惫。

一段时间后，她发现很多顾客会来向她询问关于庭院设计的问题，而且对她的想法都十分赞同。因此，她又成立了一家庭院设计公司，给她带来不少利润。

现在，通过咨询业务，她充分了解了顾客的需求，这就使得店里的装饰品与器具总能迎合大家的口味。

不仅如此，如今的她还被邀请参加各种庭院展览，她在学习的同时更是只身美景中，身心上的双重享受让她过得越来越惬意。

请一个员工不仅找回了失去很久的午休，而且扩大了的思维空间，为她的事业开拓了一片新的天地，这就是懂得休息的作用。

生活中很多人对自己不太负责任，他们似乎在惩罚自己。他们认为在别人休息的时间里拼命地工作，就可以缩短取得成功的时间，比别人更快享受到成功后的幸福生活。其实，一个真正心智成熟的人是不会这样做的。

所以，不管你是自己经营生意还是在公司里任职，必须该休息的时候就休息。如果因为忙碌的工作，把你该休息的时间都剥夺了的话，那就该想想办法了。要明白，高效率的工作，来源于充沛的精力，而充沛的精力，则需要有充足的休息。

任何一个人，若是苦心孤诣地专注于某一件事情，中间没有休息，就难以达到最佳状态。所以，为了提高自己的工作效率，为了自己的身体，每个人都需要适当地休息。

我曾经看到过这样一个故事：

刘晓高今年 26 岁，在大多数同学还是公司小职员的时候，他已经是一家外贸公司的销售副总了。为了早一天跻身公司的高层，他没日没夜地工作，放弃了一切假日，总是思索如何才能将销售进一步扩大，让自己的地位进一步提升。

有一天，一位员工不到七点便来到单位，他以为自己肯定是来得最早的了，结果在他推开门时，却发现刘晓高已经坐在办公室里了。他好奇地问道："刘总，您怎么这么早就来单位了呀？"

刘晓高一脸惨白，有气无力地说："我昨晚就没有回去，一直在这里加班……"

刘晓高的话让那位员工大吃一惊："刘总，不睡觉很影响健康的，看您的脸色这么差，就是熬夜造成的，您赶紧回家休息吧！"

谁知，刘晓高疲惫地挥了挥手，说道："没关系，我刚才已经在桌子上趴着休息了一会儿。好了，赶紧忙吧，今天还有好多事要做呢！"

这件事很快在公司传开了，刘晓高的上司找他谈话，在表扬他工作努力的同时，也劝他应该注意休息。谁知，刘晓高却说："没关系的，我年纪轻，少睡一会儿问题也不大。让公司发展得越来越好，才是我的目标！"

就这样，刘晓高按着自己的目标干了下去。没过三年，他就因为成绩斐然成了整个公司的一把手。然而令人没想到的是，就在他走马上任的第三天，他因为心血管破裂住进了医院。

医生检查后发现，正是长期睡眠不足，导致了刘晓高的血压极其不稳定，心脏有着严重的隐患，一旦遇到突发事件，身体就会迅速崩溃。在前天晚上，刘晓高就是因为应酬到了凌晨四点才出现急性病。经过抢救，刘晓高虽然保住了命，却成了一动也不会动的植物人。

你会经常为了工作而忘记休息吗？有的人也许会说，自己每天加班加点也没事，身体照样好好的。是的，也许你在短时间里感觉不到身体出了什么状况，但是时间一长，你的体质势必会因为平时没有得到正常的休息，从而大大下降。

虽然有些人也知道，该休息的时候一定要休息，但是当面对如此多的工作的时候，又有多少人能真正做到呢？许多搞体育的人都知道，只有坚持有规律的休息，才能有效地保持和增强身体机能，增强机体的耐力，这样才能保持长期胜利。这个道理用在工作上也是一样。

所以，为了自己的未来和自己的身体着想，大家应该在该休息的时候就休息，并且一定要懂得，在拥有一个美好未来的同时，也要拥有一副可以好好享受的身体。

有人说平时工作任务那么重，能有时间休息吗？其实，大家完全可以在工作一段时间后，出去散散步，或者稍稍打个盹。短短几分钟的休息，会让你在接下来的工作时间中精神焕发，让身体的疲惫感消失。

你最近过得如何？不管你是否在为未来奋斗，都必须要记住：身体才是革命的本钱，倘若身体垮了，一切就都完了，连数钱都数不动了，就算拥有再多的钱又有什么用呢？

拥有使命感，那是你不断前行的信仰

在职场打拼，如果仅仅满足于把自己分内的工作做好，是远远不够的。这是个竞争激烈的时代，作为一个员工，昨日的优秀不代表今日甚至明日的优秀，你只有不断进取，时刻拥有把工作做得更好的决心，才能立足于这个时代。

保持进取心、追求卓越是成功人士永恒的信念。这种信念不仅造就了大量成功的企业和杰出的人才，还促使每一个不断追求进步的人取得不平凡的成绩。

只有拥有强烈使命感的人，才能拥有不断追求进步的进取心。他们能够从生活、工作及获得的成功中感受到喜悦，始终保持着旺盛的斗志和充沛的精力，任何时候都不会丧失热情。对他们而言，“不可能”的情况是永远不可能存在的。

美国棒球历史上最伟大的投手之一——莫德克·布朗的成功经历完美地说明了使命感是一个人前进的最大动力。

莫德克·布朗从小就立志成为棒球联盟最好的投手，可是上帝并没有满足他的愿望。在他很小的时候，有一天在农场做工，他的右手不慎被机器夹住，导致中指严重受伤，食指的大部分残缺不全。

谁都知道对于一个投手来说，失去手指意味着什么。成为棒球联盟最好的投手，在他受伤之前可能还有机会争取，可在他的右手伤残之后，这个梦想似乎就没有了实现的可能。

然而，他并没有因此放弃，而是完全接受了这个不幸的现实，并尽自己最大的努力学习用残缺的手指投球。终于有一天，他成为地方球队的三垒手。

一次，当莫德克从三垒传球到一垒时，教练刚好站在一垒的正后方。当看到快速旋转的球划出美妙的曲线落入一垒手的手套里时，教练惊叹道："莫德克，你是天生的投手。你的控球能力实在太出色了。你投出的高速旋转球，任何击球手都会挥棒落空的。"

莫德克投出的棒球球速之快，角度之刁，往往令击球手束手无策。就这样，莫德克将击球手一个个地三振出局。他的三振记录和成功投球的次数高得惊人，不久便成为美国棒球界最佳投手之一。

正是对做最好棒球投手拥有强烈的使命感，使得莫德克战胜了手指伤残带来的痛苦和磨难，不断地积极进取，最终达成了自己的目标。

作为一个企业的员工，要想不断地取得进步，光有进取心不行，还要有勤勤恳恳的工作态度。一个具有使命感的人，必是一个非常勤奋的人。他永远像是被人催促着一样，非常急于完成工作。他们深深懂得，天下没有不劳而获的成功，明天的成功全部取决于他们今天所做的一切。

一个卓越的实干家在阐述自己的成功之道时，说："我的座右铭是'勤奋地工作，刻苦努力地钻研，比黄金还宝贵'。我之所以有今天的成就，全在于这几十年中，在工作上遵从'勤奋'二字。

不急躁，持之以恒地勤奋下去，我就成功了。”

希拉斯·菲尔德是著名企业家和大西洋电缆建设工程的发起人。正是得益于他的勤奋，他才获得了今天的成就。

16岁那年，他离开斯托克布里奇的家到纽约去寻找发财致富的机会。离开家门时，父亲给了他8美元，这是全家人省吃俭用省下来的。到达纽约之后，他去了哥哥大卫·菲尔德的家里。住在哥哥家的时候，菲尔德很不快乐，这从他的脸上就能看出来。

后来，菲尔德到斯图尔特的商店工作，那是当时纽约最好的干货店。第一年，他在那里跑腿，年薪50美元，必须在早晨6点到7点之间上班。成为店员后，他要从早上8点干到晚上关门。

“我总是很注意，”菲尔德先生在自传里写道，“在顾客到达之前一定要赶到店里，在顾客离开之前绝不能提前下班。我的想法就是要使自己成为一个最好的推销员。我尽量从各个部门学习一切有价值的东西，我深深地懂得：将来的一切都取决于我今天的努力。”

店主斯图尔特的规定是很严格的。其中一条要求店员在早晨上班时、吃完午餐和晚餐时都要签到。如果上班迟到、午餐超过一小时或晚餐超过四十五分钟，都要罚款。菲尔德在考勤上做得无可挑剔，对店里的工作也兢兢业业，他很快就得到了店主的信任。这样的店员，自然很快就得到了提升。

在一个企业中，员工要想得到提拔和重用，还必须拥有敬业精神。敬业是一种责任精神的体现，一个有敬业精神的人才会真正为企业的发展做出贡献。而一个拥有使命感的人无疑会是一个敬业的员工。他们总是力求把工作做到最好。

敬业，是一种内在的主动精神，是员工发自内心地对工作、对公司的热爱和忠诚，对自己、对公司的高度负责，是责任的延伸和升华。这种精神以特定的意志品格为基础，以规范的程序和良好的能力为保障，通过日常固有的行为模式综合表现出来，并成为一种习惯，结果是高效。

詹姆斯·H.罗宾斯说："敬业，就是尊敬、尊崇自己的职业。如果一个人以一种尊敬、虔诚的心灵对待职业，甚至对职业有一种敬畏的态度，他就已经具有敬业精神。但是，他的敬畏心态如果没有上升到敬畏这个冥冥之中的神圣安排，没有上升到视自己的职业为天职的高度，那么他的敬业精神就还不彻底、还没有掌握精髓。天职的观念使自己的职业具有了神圣感和使命感，也使自己的生命信仰与自己的工作联系在了一起。只有将自己的职业视为自己的生命信仰，那才是真正掌握了敬业的本质。"

因此，从某种意义上说，敬业就是使命感在工作中最直接的体现。

罗发兵是重庆市云阳县人，他曾参加过大秦铁路、京九铁路、内昆铁路、朔黄铁路、黎南铁路复线和诸多地方的公路工程建设。

2003年，当青藏铁路需要抽调人员时，有的人心存顾虑：身体受得了吗？到底能挣多少钱？对这些问题，罗发兵也不是没想过，但他在《决心书》中写道："青藏铁路是国家西部大开发的标志性工程，是没有铁路的西藏的第一条铁路，能参加这项工程，是我一生的荣幸和骄傲，是最大的价值。"

罗发兵是首批进驻西藏的铁路工人。在奔赴青藏高原的途中，他看到青藏公路路况简陋，气候恶劣，公路上发生了好多车祸，更感到建设青藏铁路神圣的责任感和使命感。可是到唐古拉时，他所乘坐的大巴不幸翻车，他的头部严重受伤。幸亏有藏族同胞和青藏兵站的救助，休养了10多天以后，他才得以脱险。大家都劝他回内地休养一段时间，他却在路边拦了一辆大巴赶到施工一线。

罗发兵所在的青藏铁路25标段工地，海拔4770米。2004年9月，看到工期吃紧，工友们倒班非常劳累，他主动提出多承担任务，还让队长多安排更艰苦的夜班给他。在西藏那曲这个地方，即使是夏天，夜间气温也只有零下5摄氏度，为了保持头脑清醒，保证驾驶室内有充足的氧气，他一直开着驾驶室的窗户；秋天夜间气温下降到零下20多摄氏度，在能见度很低的情况下，他是唯一一名能安全优质完成夜间工作任务的司机。因此，他也被称为能啃“硬骨头”的横刀立马之人。

2004年，重庆有个个体老板了解到他的过硬技术，多次想要聘请他。他既能调回老家，待遇也比现在高，但他没有动心，说是自己之所以有今天，是中铁十三局多年来培养教育的结果，自己要报效企业和国家。

正是有了像罗发兵这种具有虔诚敬业精神的人，才使得青藏铁路成功铺设，而也正是这种将自己的职业视为生命信仰的精神，才使他见证了西藏自治区结束没有铁路的这一伟大历史时刻。因此，要想成为一个优秀员工，就要敬业，就要把职业视为生命信仰，这样才是对企业、对自己忠诚的表现。